中国工程院科技扶贫职业教育系列丛书

蔬菜
实用栽培技术

赵 凯 杨正安 邓明华 岳艳玲 李作森 主 编

U0256357

中国农业出版社
北 京

图书在版编目（CIP）数据

蔬菜实用栽培技术/赵凯等主编．—北京：中国农业出版社，2020.10（2022.10重印）
（中国工程院科技扶贫职业教育系列丛书）
ISBN 978-7-109-27223-1

Ⅰ.①蔬…　Ⅱ.①赵…　Ⅲ.①蔬菜园艺　Ⅳ.①S63

中国版本图书馆 CIP 数据核字（2020）第 157037 号

SHUCAI SHIYONG ZAIPEI JISHU

中国农业出版社出版
地址：北京市朝阳区麦子店街 18 号楼
邮编：100125
责任编辑：高　原
版式设计：杜　然　责任校对：吴丽婷
印刷：北京通州皇家印刷厂
版次：2020 年 10 月第 1 版
印次：2022 年 10 月北京第 7 次印刷
发行：新华书店北京发行所
开本：850mm×1168mm　1/32
印张：5.25
字数：120 千字
定价：22.00 元

编写人员名单

主　　编　赵　凯　杨正安　邓明华　岳艳玲
　　　　　李作森
副主编　吕俊恒　杨冠松　张　杰　谢俊俊
编写人员（按姓氏笔画排序）
　　　　　丁　丁　丁玉梅　于　策　王梓然
　　　　　毛莲珍　文锦芬　方　俊　邓明华
　　　　　龙雯虹　吕俊恒　朱映安　朱海山
　　　　　刘雨婷　刘修远　许　彬　许俊强
　　　　　杜康华　李平平　李作森　李欧妮
　　　　　李超越　杨　飞　杨正安　杨冠松
　　　　　何志文　张　入　张　宏　张　杰
　　　　　张　祥　张爱玲　岳艳玲　周高艳
　　　　　赵　凯　赵春燕　侯凌云　莫云容
　　　　　蒋舒蕊　韩　曙　韩雪雨　谢俊俊

序

习近平总书记指出："扶贫先扶智"。我国西南边疆直过民族聚居区，农业生产资源丰富，是不该贫困却又深度贫困的地区，资源性特长与素质性短板反差极大，科技和教育扶贫是该区域脱贫攻坚的重要任务。为了提高广大群众接受新理念、新事物的能力，更好地掌握农业实用技术知识，让科学技术在农业生产中转化为实际生产力，发挥更大的作用，达到精准扶贫的目的，中国工程院立足云南澜沧县直过民族地区，开设院士专家技能培训班，克服种种困难，大规模培养少数民族技能型人才，取得了显著的成效。

培训班围绕澜沧地区特色农业产业，淡化学历要求，放宽年龄限制，招收脱贫致富愿望强烈的学员，把课堂开在田间地头，把知识融于技术操作，把课程贯穿农业生产全流程，把学员劳动成果的质量、产量和经济效益作为答卷。通过手把手的培训，工学结合，学员们走出一条"学习—生产—创业—致富"的脱贫之路，成为实用技能型人才、致富带头人，并把知识和技能带回家乡，带动其他农户，共同创业致富。

为了更好地把科学技术送进千家万户，送到田间地头，满足广大群众求知致富的需求，院士专家团队在中国工程院、云南省财政厅、科技厅、农业农村厅等单位的大力支持下，在充分考虑云南省农业产业特点及读者学习特点的基础上，聚焦冬季马铃薯、林下三七、蔬菜、柑橘、中草药、热带果树、农村肉牛、肉鸡蛋鸡、生猪等具体产业，编著了"中国工程院科技扶贫职业教育系列丛书"共 15 分册。本套丛书涉及面广、内容精炼、图文并茂、通俗易懂，具有非常强的实用性和针对性，是广大农民朋友脱贫致富的好帮手。

科学技术是第一生产力。让农业科技惠及广大农民，让每一本书充分发挥在农业生产实践中的技术指导作用，为脱贫攻坚和乡村振兴贡献更多的智慧和力量，是我们所有编者的共同愿望与不改初心。

丛书编委会

2020 年 6 月

前 言

　　云南省地处我国西南边陲，全省总面积约 39.4 万千米²，山地面积占全省总面积的 94％，为全国山地分布最多的省份之一。云南总的地势特征为北高南低，由西北向东南呈阶梯状递降，形成了复杂多样的自然地理环境和气候条件。云南省的气候基本属于亚热带高原季风型，立体气候特点显著，类型多样，年温差小、日温差大，干湿季节分明，气温随地势高低呈明显的垂直变化。

　　云南省是我国重要的蔬菜生产基地，蔬菜是云南省种植面积第一大经济作物（除坚果核桃外），蔬菜产业具有"短、平、快"的发展特点，是一项优势特色明显和产业基础较好的传统产业，分为夏秋菜、冬春菜和全年菜优势产区，可实现全年鲜蔬不断、四季美味不停。长期以来，云南省蔬菜产业在全国南菜北运、西菜东运和我省脱贫攻坚中发挥着不可代替的重要作用。

　　2019 年，云南省蔬菜种植面积为 1 789.6 万亩，产量为 2 445 万吨，综合产值为 1 030.5 亿元，出口额为 14.9 亿美元，产品销往全国 150 多个城市，出口到 45 个国家和地区。全省从事蔬菜种植的农民达 400 多万人，蔬菜加工从业者有 40 多万人，蔬菜流通环节从业者有 10 多万人。

　　《蔬菜实用栽培技术》得到了国家自然科学基金（31660576；31760583）、云南省重大专项"生物种业与农产品精深加工"子课题"茄果类蔬菜新品种选育与产业化示范"（2018BB020）、云南省重大专项"高原特色农业机械装备研究与开发"子课题"设施蔬菜精细生产技术与装备研发"（2018ZC001-4-3）、云南省农业基础研究联合专项（2018FG001-004）等项目的支持，也获得了云南省科技厅、云南省农业农村厅、云南省教育厅等单位和普洱市、保山市、红河州、德宏州以及澜沧拉祜族自治县、元谋县、会泽县、砚山县、丘北县等地的大力支持和帮助，得到了业内同仁和各界朋友的关注和厚爱，在此一并表示衷心感谢。

　　参与编写的作者均长期从事蔬菜栽培、科研、教学及推广工作。本书是一本涵盖了云南主要蔬菜种植技术、病虫害识别及防控的著作，既有理论知识，又有实践经验，对从事蔬菜种植、管理、推广及理论研究的人员有一定的参考价值。

　　云南省气候类型复杂，蔬菜栽培模式多样，种植面积逐年扩大。编者水平有限，虽然对全书内容进行了反复斟酌和推敲，但也难免存在不足之处，敬请各位前辈、同行及蔬菜生产者批评指正。

编　者

2020 年 7 月于昆明

目 录

第一章　番茄实用栽培技术

一、生物学特性

（一）主要器官

1. **根**　番茄的根包括由胚根发育成的根系和不定根，其中根系由主根和侧根组成。番茄根系发达，根群横向分布，直径为 1.6～2.0 米，主根可深入土层 1.5 米以下，但侧根主要分布在地表下 30 厘米以内的耕作层。番茄根系再生能力强，主根或侧根被切断后，可很快长出新的侧根，故适于育苗移植。根系生长与地温的关系也较密切，番茄本身喜温但不耐

大家好，我是番茄的根。

根

热，根系则较耐低温，一般在地温 10℃ 左右能缓慢生长，20～25℃生长旺盛，35℃以上生长受阻。因此，春季番茄应适当早定植，并配合地膜覆盖和多次中耕以提高地温，对培育强壮根系十分有利。

番茄萌发不定根的能力强，不定根与侧根相比入土较浅、分布广度较小，但同样具有吸收能力和支持作用。对徒长幼苗培土或定植时采取"卧栽"法，对正常苗定植后适当培土，以促使下胚轴和地上茎节产生大量不定根，对番茄生产具有重要意义。

2. 茎　番茄为草本植物，茎的木质部不发达，开花坐果前植株较矮且地上部较小，因此能够直立生长。以后随着叶片增多、增大以及形成花果，地上部负载加大，栽培过程中需要支架、整枝和绑蔓等进行固定。但也有少数番茄品种，茎较粗、节间短、叶小而皱缩、直立性较强，在没有大风威胁的地区可不支架。番茄茎部分枝能力强，每个叶腋处均能形成侧

茎

枝。茎节处易产生不定根，可利用这一特性进行扦插繁殖。茎和叶上密生短绒毛，并能分泌出一种有特殊气味的汁液，具有驱虫或避虫作用。

3. 叶　番茄的叶片互生，为不规则羽状复叶，深裂或全裂，小叶数5～9片。一般植株下部的叶片较小、小叶数较少；随着叶片着生部位提高，叶面积逐渐增大，小叶数增多。另外，中晚熟品种的叶片较大，早熟品种、直立性较强或小果品种的叶片较小，野生种更小。番茄各果穗之间的叶片数因品种而异，一般早熟品种为1～2片，中熟品种为2～3片，晚熟品种为3～4片。

叶

4. 花　番茄的花多为聚伞花序，也有一些品种为总状花序。花序着生于节间，每一花序有小花5～10朵不等。番茄的每朵小花由花梗、萼片、花瓣、雄蕊和雌蕊组成。雄蕊的花丝较短，有花药6枚，连接成花药筒包围花柱。雌蕊位于雄蕊内侧，由胚珠、子房、花柱、柱头组成。番茄自花授粉，天然异交率小于 4%。番茄小花柄和花梗的连接处，有一明显的凹陷环状离层，是由若干离层细胞构成的，在环境条件不利于花的生长发育时，这个离层便形成断带，引起花朵脱落。

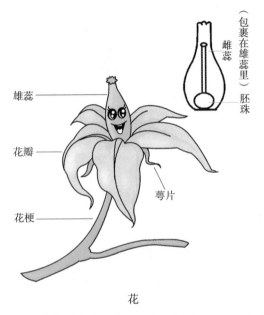

花

5. 果实 番茄果实为多汁浆果，由果皮、果壁、胎座及种子等组成，其中胎座和中果皮是主要食用部分。果实形状有圆球、扁圆、椭圆、长圆、洋梨形及樱桃形等，成熟时颜色呈红色、粉红色、橙色、黄色或绿色等。番茄果实呈现红色是由于含有番茄红素，番茄红素的形成主要受温度影响。果实呈现黄色则是由于含有胡萝卜素和类胡萝卜素，其形成与光照有关。番茄单果重 0.5～900 克，单果重在 70 克以内的为小型果，70～200 克的为中型果，200 克以上的为大型果。小型果果实有 2～3 个心室，大型果果实有 4～6 个心室甚至更多。有些品种在果蒂部周围有一圈绿色，称为果肩，果肩部分过多会影响外观，但有果肩的品种口味较好。另外，果皮较厚的品种耐贮藏，不易裂果。

果实

6. 种子　番茄种子比果实成熟早，一般在开花授粉后 35 天种子即具有发芽能力。种子着生在种子腔内，被果胶质包裹，可抑制种子在果实内发芽。开花授粉后 50 天左右，当果实完全成熟时，种子发育饱满，发芽力最强。番茄种子为扁平的短卵圆形，在一端的边缘有向内凹陷的种脐。番茄种子较

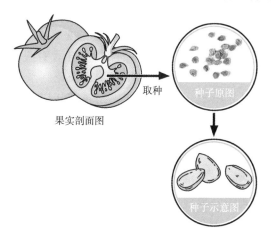

果实剖面图　　取种　　种子原图

种子示意图

种子

小，千粒重 2.7～3.3 克。一般番茄种子可保存 2～3 年，保存条件较好时可达 6 年。种子外层被蜡质包围，外表面覆有粗绒毛，呈灰褐色或黄褐色，播种前应用温汤浸种。

（二）生长发育周期

1. 发芽期　从种子发芽到第一片真叶出现为发芽期。在适宜条件下一般需要 7～9 天。番茄种子的发芽适温为 28～30℃，最低温度为 12℃，超过 35℃对发芽不利。种子发芽时先急剧吸水，吸水量可在半小时内达到种子重量的 1/3，在 2 小时内达到 2/3，后逐渐放缓，8 小时后吸水趋于饱和。同时种子呼吸作用加强，消耗大量氧气，也消耗自身贮存的养分。

2. 幼苗期　从第一片真叶展开到第一花序现蕾为幼苗期。幼苗期要经历两个阶段：第一阶段是 2～3 片真叶展开前，为基本营养阶段，主要是根系生长及生长点的叶原基分化，吸收积累养分，为营养生长及花芽分化做准备，同时子叶和真叶能产生成花激素，对花芽分化有促进作用。2～3 片真叶展开后进入第二阶段，花芽开始分化，与营养生长同步进行。一般播种后 20～30 天花芽分化出第一个花序，以后每 10 天左右分化出 1 个花序，同时与花芽相邻的上方侧芽也分化生成叶片。所以花序、叶片的分化及顶芽的生长是连续交叉进行的。如第一花序出现花蕾时，上面各穗花序的花芽处于发育或分化状态。

3. 开花坐果期　从第一花序现蕾、开花到坐果为开花坐果期。一般从定植到开花约 30 天，是番茄从以营养生长为主过渡到生殖生长与营养生长同时进行的转折期，对产品器官形成与产量（特别是早期产量）影响极大。此时期营养生长与生殖生长的矛盾突出，是通过栽培技术措施协调两者关系的关键时期。一般水肥过多可能导致中晚熟品种徒长，过少则易使自封顶品种出现果坠秧现象，导致早衰、产量降低。

4. 结果期　从第一花序坐果到采收结束为结果期。其特点是秧果同步生长，营养生长与生殖生长的矛盾始终存在，栽培管理始终以调节秧果关系为重心。一般情况下从开花到果实成熟需 50~60 天，但环境条件影响成熟期长短，秋冬茬一般为 70~80 天，冬春茬 80~100 天，越冬茬 5~6 个月。

番茄是陆续开花、陆续结果的作物，当下层花序开花结果时，上层花序也在进行不同程度的分化和发育，因此各层花序之间的养分争夺也较明显，特别是开花后的 20 天，果实迅速膨大，需要较多的养分。如果营养不良，导致基轴顶端变细，上位花序发育不良，花器变小，着果不良，产量降低。尤其在冬春季节，地温低，根系吸收能力弱，不良表现更为突出。因此供给充分的营养，加强管理，调节植物生长与结果的关系非常重要。

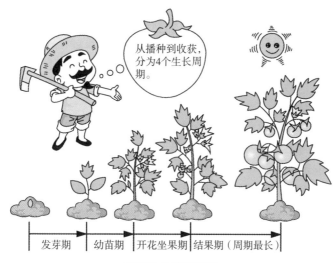

从播种到收获，分为4个生长周期。

发芽期　幼苗期　开花坐果期　结果期（周期最长）

番茄生长发育周期

（三）对环境条件的要求

番茄喜温、喜光、喜肥、耐肥、半耐旱。

1. 温度　番茄不同生育时期对温度的要求不同。种子发芽期最适温度为 28～30℃。幼苗期白天适宜温度为 20～25℃，夜间 10～15℃。开花期对温度反应较敏感，尤其开花前 5～9 天及花后 2～3 天，白天适宜温度为 20～30℃，夜间 15～20℃。当白天遇到 15℃ 以下低温，开花授粉及花粉管的伸长都会受到抑制，但温度恢复正常后，花粉管的伸长及授粉授精又能正常进行。若开花前 5～9 天温度高于 35℃，开花至花后 3 天内高于 40℃，花粉管伸长受到抑制，花粉萌发困难，易引起落花，即使温度恢复正常，也已经造成影响。结果期的白天适宜温度为 25～28℃，夜间 16～20℃。番茄根系生长最适土壤温度为 20～22℃，9～10℃ 时根毛停止生长，5℃ 以下根系吸收养分及水分受阻。在设施栽培中，昼夜维持较高的地温（20℃左右）有利于促进根系发育。

　　花芽分化期遇到低温易产生畸形果，若植株生长过旺也会增加产生畸形果的概率。番茄果实在膨大生长过程中，前期生长较慢，中期生长较快，后期生长较慢，所以生产上需采用相应的水、肥、温、光控制措施，促进果实的正常发育生长，防止产生畸形果。

　　果实着色对温度要求比较严格，19～20℃ 有利于番茄红素形成，高于 30℃ 或低于 15℃ 都不利于着色，高于 35℃ 番茄红素不能形成。

　　2. 光照　　番茄属于中光性植物，不需要特定的光周期，只要温度合适，周年都可种植。研究表明，16 小时的日照条件最有利于生育，少于 16 小时则天数越长越好，超过 16 小时则天数越短越好。

　　番茄是喜光作物，在不同的生育期对光照要求不同。发芽期不需要光照。幼苗期对光照要求比较严格，光照不足会延长花芽分化，使着花节位上升、花数减少、花芽质量下降。开花期光照不足，会导致落花落果。结果期光照充足，不仅坐果多，而且果实大、品质好；弱光下坐果率低，单果质量下降，还容易出现空洞果、筋腐病果。在栽培中要注意通过延长光照时间，选择适宜栽培方式，及时进行植株调整及人工补光等措施，增加光照，以获得最佳的栽培效果。

3. 水分　番茄茎叶繁茂、需水多，但由于其根系发达、吸水能力强，属半耐旱作物。其在不同生育期对水分要求不同，发芽期需水多，要求土壤湿度80%以上，幼苗期以65%～75%为宜，结果期则要求在75%以上，空气相对湿度以50%～66%为宜。冬春季节水分管理应特别慎重，若水分少、土壤干旱则影响番茄正常生长发育。浇水过多，地温不易升高，影响根系的发育及养分的吸收，甚至烂根死秧，还会增加空气相对湿度，导致病害发生，因此要根据番茄各个生长发育时期的需水特点灵活掌握，并通过温室蓄水、膜下灌溉、滴灌、渗灌等措施防止地温降低，控制土壤和空气湿度。

4. 土壤及营养　番茄对土壤要求不太严格，以微酸性和中性土壤为宜，但对土壤通气条件要求较高。栽培番茄应选择土层深厚、土壤富含有机质、排水良好的肥沃壤土。研究表明，每生产5 000千克果实，番茄需从土壤中吸收氧化钾15～25千克、氮10～17千克、五氧化二磷5千克。氮肥主要满足植株生长发育，是丰产的必需条件；磷肥促进花芽分化发育，增强根系吸收能力；钾肥促进果实迅速膨大、进行糖的合成及运转，提高细胞浓度，提高植株抗旱能力。生产上肥水过多、茎叶生长过旺、花柱扁带状是产生脐裂状畸形果的主要原因。

二、穴盘育苗技术

通过精量播种、精细的育苗期管理、施用合适的营养液并及时防治病虫害，可培育出健壮的秧苗。

1. 育苗棚及苗床　简易拱棚即可，拱高2.5～3.5米，跨度3～5米，外部需覆盖遮阳网降温。育苗棚内部安装育苗床，高度 0.75 米，宽度 1.65 米。

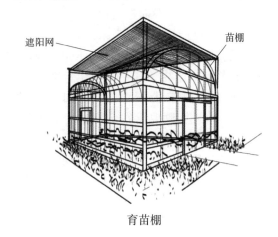

育苗棚

育苗床

2. 育苗基质

（1）自配基质。优质草炭、蛭石与珍珠岩 3 种基质按照体积比 3∶1∶1 均匀混合，之后每立方米混合基质加入 2 千克大量元素水溶肥（肥源）和 200 克福美双农药（消毒）继续混匀。

（2）商品基质。购买蔬菜专用商品育苗基质，每立方米基质加入 2 千克大量元素水溶肥（肥源）和 200 克福美双农药（消毒）拌匀（因不同商家育苗基质的品质和适用的蔬菜种类不同，在购买育苗基质后先小范围试用，再大范围育苗）。

3. 穴盘　选择 50 孔或 72 孔的塑料育苗穴盘，并用农用高锰酸钾 1 000 倍液浸泡 20 分钟消毒，晾干备用。

4. 装盘　育苗基质用多菌灵 1 000 倍液喷湿、混合均匀。湿度标准：手握成团，手指缝无水流出。将基质铺在穴盘上，用刮板从穴盘的一方刮向另一方，反复几次，使每个孔穴都装满基质，尤其是四角和盘边的孔穴。装满后双手提起穴盘震一震，保证每个孔穴底部也充满基质。基质不能装得过满，各个格室应能清晰可见。

5. 压穴　在装好基质的穴盘上平放一个空盘，两手平放在上面的盘上均匀下压，使下部穴盘的孔穴深度达 0.5 厘米即可。

基质混匀杀菌

手握成团，手指缝无水流出

基质湿度判断

基质装盘

压穴

6. 播种 先将种子在农用高锰酸钾 1 000 倍液中浸泡 15 分钟，后用清水洗净晾干，每穴播 1 粒种子。

7. 覆盖穴盘 播种后用蛭石覆盖穴盘，用刮板从穴盘的一边刮向另一边，去掉多余的蛭石，与格室相平为宜。

8. 苗盘入床 将播种完毕的穴盘平铺在苗床上，再用喷壶浇水至穴盘底部渗水为止，喷洒要轻而匀，防止将穴盘内的基质和种子冲出。种子破土前，必须保证基质湿润，可早晚各浇 1 次水，也可在浇透水后覆盖一层地膜保湿。特别注意：一旦有幼苗破土，立即揭去地膜，防止出现"高脚苗"。

播种

覆盖穴盘

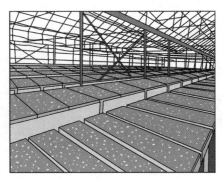

苗盘入床

9. 苗期管理

（1）温湿度管理。整个苗期白天温度保持在 25～30℃，夜间温度控制在 18～20℃，湿度保持在 90％左右即可。

（2）水分管理。幼苗出苗前，早晚喷水，保证基质整体潮湿。番茄出苗后，减少浇水次数，做到上部基质稍干、下部基质潮湿即可。

（3）肥料管理。真叶长出前不需要施肥，3 叶 1 心后每隔 7 天叶面喷施 1 次 1 000 倍液的尿素和磷酸二氢钾。

（4）光照管理。每天光照时间保证 14 小时以上，若光照太强，温度超过 30℃，及时使用遮阳网。

（5）炼苗。为了提高植株的环境适应能力，成苗前 7～10 天进行炼苗，加大通风，减少浇水，保证植株不萎蔫即可。

（6）病虫害防治。苗期病虫害较少，阿维菌素 1 000 倍液预防虫害，70％霜霉威盐酸盐 1 000 倍液＋75％百菌清可湿性粉剂 800～1 000 倍液喷药＋灌根预防病害。

（7）壮苗标准。一般苗龄 5 叶 1 心，叶片肥厚，颜色浓绿，株高 10～15 厘米，茎粗 0.3～0.5 厘米，根系发达，紧包基质，不散坨。

温度　白天：25~30℃
　　　夜晚：18~20℃

水分　幼苗出苗前、早晚喷水，保证基质整体潮湿。番茄出苗后，减少浇水次数，做到上部基质稍干、下部基质潮湿即可。

光照　每天光照时间保证14小时以上，若光照太强，温度超过30℃，及时使用遮阳网。

施肥　真叶长出前不需要施肥，3叶1心后每隔7天喷施1次1 000倍液的尿素和磷酸二氢钾叶面肥。

壮苗标准：
一般苗龄5叶1心，叶片肥厚，颜色浓绿，株高10~15厘米，茎粗0.3~0.5厘米，根系发达，紧包基质，不散坨。

苗期管理

三、主要栽培模式

云南番茄分为露地栽培和设施栽培两种模式。其中，在高温干旱的季节或地区可采用露地栽培，而在低温或多雨的季节或地区采用设施栽培。

（一）栽培季节

番茄在云南省内南部暖热区10—11月播种，12月至翌年2月定植，3—5月采收，俗称春番茄；夏番茄11月至翌年2月播种，3—4月定植，6—8月采收，以滇中地区为主；秋番茄以北部冷凉区为主，6—7月播种，8—9月定植，9—11月采收；冬番茄主要种植在河谷地区，8—9月播种，9—10月定植，12月至翌年2月采收。

云南番茄栽培季节简表

主要种植区	播种	定植	采收	备注
南部暖热区	10—11 月	12 月至翌年 2 月	3—5 月	春番茄
滇中地区	11 月至翌年 2 月	3—4 月	6—8 月	夏番茄
北部冷凉区	6—7 月	8—9 月	9—11 月	秋番茄
河谷地区	8—9 月	9—10 月	12 月至翌年 2 月	冬番茄

（二）露地栽培

1. 地块选择　选择土层深厚、土壤肥沃、排水良好、2～3 年未种植过茄科作物的沙壤土或壤土地块，水旱轮作更佳。

选择土层深厚、土壤肥沃、排水良好、2~3年未种植过茄科作物的沙壤土或壤土地块。

番茄地块选择

2. 种苗准备　若育苗技术不成熟，可先从育苗公司购买成品幼苗。在掌握无土基质穴盘育苗技术后，可自行育苗。近年来番茄土传病害日益严重，优先选择嫁接苗。

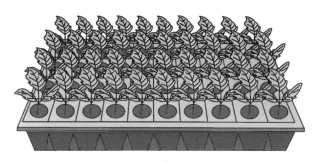

种苗

3. 做畦、施基肥 番茄生长期较长，要重施基肥。定植地块每亩*施腐熟农家肥 3 000～5 000 千克、三元复合肥 50 千克、过磷酸钙（普钙）30 千克、钾肥（硫酸钾）15 千克。深翻土地 40 厘米，耙平地面做畦，畦高 20 厘米，畦宽 80 厘米，沟宽 30 厘米。若有滴灌带，每个畦面拉两条滴灌带，并覆盖打孔的银黑双色反光膜，株距 40 厘米，行距 50 厘米。

每亩施腐熟农家肥 3 000～5 000 千克、三元复合肥 50 千克、普钙 30 千克、硫酸钾 15 千克。

施基肥

---

* 亩为非法定计量单位，1 亩≈667 米^2。——编者注

深翻40厘米

整地

畦高20厘米，畦宽80厘米，沟宽30
厘米，每个畦面铺两条滴灌带。

做畦，铺滴灌带

覆盖地膜

定植

4. 定植　定植前秧苗用百菌清500倍液喷雾1次。番茄幼苗有5～6片真叶、株高20厘米左右时定植，每畦2行，定植深度以到子叶节处为宜。定植后浇透定根水，以利缓苗。晴天或气温高时应连续几天浇缓苗水，若发现死苗缺垄，应及时补苗。

5. 肥水管理　需安装水肥一体化滴灌系统。缓苗前不需施肥，缓苗后（定植7天左右，有新叶和新根长出），每亩浇施5千克水溶提苗肥或尿素。第一穗果坐住后（鸽子蛋大小），开始增加灌水量，5～7天浇水1次，每次30～60分钟。从第一穗果膨大（核桃大小）开始，每隔10～15天追肥1次，每亩施高钾水溶复合肥10千克。同时，可用0.3%磷酸二氢钾溶液每隔10天喷施叶面1次，促进开花结果。

6. 立支架、整枝　株高约30厘米时，立"人"字形竹竿架，架高为1.8～2.0米，并在"人"字形架上固定1根横杆。每个花序下进行"8"形绑蔓，采用双干或单干整枝。当植株长至支架顶部时，留2～3片叶摘心打顶。生长后期及时摘除基部老叶、病叶，以利通风透光，减少养分消耗和病虫害发生。

7. 适时采收　采收时选择色泽正常、成熟适度、外观光亮，符合本品种固有特征属性的果实。长途运输，在绿熟期（果实绿色变淡）采收；短途运输，在转色期采收；产地供应或近距离运输，在成熟期（除果肩外全部着色）采收。

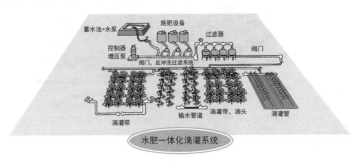

水肥一体化滴灌系统

"人"字形搭架单干整枝。

立支架

（三）设施栽培

设施栽培技术多数与露地栽培相似，需着重注意以下不同操作：

1. 品种选择　选用丰产、耐热、耐弱光、抗病、耐贮运、适宜夏季栽培的无限生长型品种，重点选用抗晚疫病、细菌性病害的品种。

2. 设施选择　云南番茄栽培设施主要是钢架大棚，以避雨为主，保温为辅，可分为全避雨和半避雨栽培，其中半避雨大棚只安装顶膜不装裙膜，大棚四周可根据虫害发生规律安装防虫网。为防止棚内温度过高，可在顶膜上加盖遮阳网，使棚内温度控制在 25～30℃。

3. 植株调整　植株长至 30 厘米高时，随着生长及时进行绑蔓。采用单干整枝，用固定在大棚上的吊绳代替竹竿支架，每个花穗留 4～5 个果，疏去尾部花蕾，坐果后根据留果数保留果形正常、长势均匀的果实，其余一律疏除。可根据番茄植株生长状况及采收期，决定主茎是否落蔓或者摘心。后期应摘除植株基部衰老叶片，改善植株生长环境，减少病害。

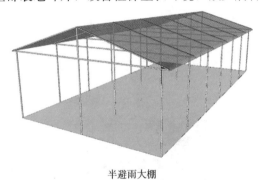

半避雨大棚

全避雨大棚

大棚吊蔓

四、主要病虫害防治

云南番茄种植需重点识别和预防番茄晚疫病、番茄斑萎病毒病、番茄细菌性髓部坏死病等病害和番茄潜叶蛾等虫害。

（一）番茄晚疫病

1. 症状 番茄晚疫病在保护地、露地均可发生，这种病害在番茄幼苗和成株期都可发病，但以成株期的叶片和青果受害较重。苗期感病：最初叶片出现暗绿色水渍状病斑，逐渐向主茎发展，致叶柄和主茎呈黑褐色而腐烂，湿度大时病部产生稀疏的白色霉层。幼茎基部发病：形成水渍状缢缩，幼苗萎蔫或倒伏。叶柄和茎部感病：病斑最初呈褐色凹陷，后呈黑褐色腐烂，引起主茎以上病部枝叶萎蔫，同时干燥时病部干枯，脆而易破。青果发病：先形成油渍状暗绿色病斑，后变为暗褐色至棕褐色，边缘明显呈云纹状，稍凹陷，病斑处较硬，果皮表面粗糙，一般不变软，湿度大时长出白霉，迅速腐烂。成株期发病多从下部叶片的叶尖或者叶缘开始，形成暗绿色水渍状病斑，边缘不整齐，扩大后呈褐色。

果实上番茄晚疫病的病斑多发生在蒂部附近和有裂缝的地方，圆形或近圆形，褐色或黑褐色，稍凹陷，其上长有黑色霉，病果常提早脱落。

2. 发病规律　此病为低温高湿病害，温度21℃左右、持续下雨天气有利于病害发生和蔓延。番茄晚疫病危害很严重，植株一旦染病，传染很快，若用药不及时，就只能拔苗，所以要以预防为主。

全株症状

叶片症状

3. 防治药剂 氟菌·霜霉威、烯酰吗啉、霜霉威盐酸盐、霜脲·锰锌、醚菌酯等。

叶柄和茎秆症状

果实初期症状

果实后期症状

（二）番茄斑萎病毒病

1. 症状 主要侵染番茄叶片和果实，苗期染病后，幼叶呈紫铜色卷曲，叶片上有许多黑斑，叶片背面叶脉紫色失绿。病株生长缓慢或矮化、落叶、萎蔫、萎缩，产量下降，严重时植株直接萎蔫枯死。番茄果实染病后，表面出现褪绿斑，初期不规则形，典型病斑为环形或轮纹形，果实红熟期轮纹明显。

2. 发病规律 该病主要由蓟马传播，干旱高温天气有利于蓟马活动，加快病毒传播。蓟马的隐蔽性强且容易产生抗药性，注意轮换使用药物。

叶片症状　　　　　　　　　　　绿果症状

3. 防治药剂　前期毒杀蓟马以切断传播媒介，可用多杀菌素、虫螨腈和乙基多杀菌素等农药，还可悬挂蓝板诱杀蓟马。定植时在定植穴内施5％吡虫啉颗粒剂，也可起到毒杀蓟马的作用。

红果症状

（三）番茄细菌性髓部坏死病

1. 症状　主要危害茎和分枝，叶片和果实也会受害，症状表现多在番茄青果期。发病初期植株上中部叶片失水萎蔫，部分复叶的少数小叶片边缘褪绿，下部病茎变硬，茎表面发生黑色或褐色坏死斑。与此同时，茎部长出不定根，而后在不定根附近出现黑褐色斑块，病斑长度在5～10厘米不等，表皮质硬。纵剖病茎，可见髓部病变，病变部分超过茎外表变褐的长度，呈褐色至黑褐色。茎外表褐变处的髓部坏死，干缩中空，并逐渐向上向下延伸，当下部茎被感染时，常造成全株枯死。

2. 发病规律　低温高湿病害，病菌主要从整枝伤口侵入，并通过雨水、农事操作等传播蔓延。

3. 防治药剂　硫酸链霉素、氢氧化铜、络氨铜、乙酸铜等。

全株症状

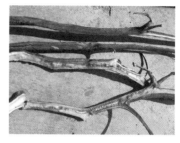
茎秆症状

叶片症状

（四）番茄潜叶蛾

1. 症状　主要危害叶片和果实，幼虫潜食叶片时，潜道明显且不规则，并留下黑色粪便及窗纸样上表皮，影响植物光合作用，严重时叶片皱缩、干枯、脱落。潜蛀嫩茎时，多形成龟裂，影响植株整体发育，并引发幼茎坏死。蛀食幼果时，常使果实变小、畸形，形成的孔洞，不仅影响产品外观，而且增加采收后人工分拣成本，甚至会招致次生致病菌寄生，造成果

全株受害状

叶片初期症状

实腐烂。蛀食顶梢时，常使番茄生长点枯死，进而造成丛枝或叶片簇生。此外，幼虫还喜欢在果萼与幼果连接处潜食，使幼果大量脱落，造成严重减产。

2. **发病规律**　幼虫一经孵化便潜入寄主植物组织中，取食叶肉，并在叶片上形成细小的潜道，通常早期不易被发现，隐蔽性极强，当虫口密度比较高、幼虫龄期比较大时，还可蛀食顶梢、腋芽、嫩茎以及幼果。

3. 防治药剂　灭幼脲、氟铃脲、阿维菌素、啶虫脒等。

叶片后期受害状

果实受害状

第二章　高山大白菜实用栽培技术

（一）生长发育周期

大白菜生长发育周期分营养生长和生殖生长两个阶段。营养生长是大白菜产品形成阶段，分为发芽期、幼苗期、莲座期、结球期和休眠期；大白菜如遇低温，低温积累到一定程度可完成春化，进入生殖生长阶段，分为抽薹期、开花期和结荚期。

1. 发芽期　从播种、出苗到第一片真叶显露，称为发芽期，需 3~4 天。

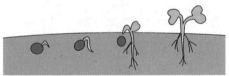

种子萌发、幼苗出土过程

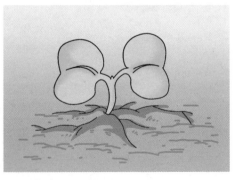

出土子叶

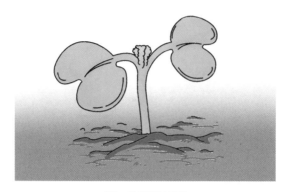

第一片真叶显露

2. 幼苗期　从真叶显露至"团棵",称幼苗期。

当2片基生叶与子叶大小相近,排列成"十"字形时,称为"拉十字"。

"拉十字"

幼叶按照一定的开展角度规则地排列成圆盘状，俗称"团棵"。

"团棵"

3. 莲座期　从"团棵"到完成莲座叶生长，即长出中生叶第二或第三叶环的叶子，称为莲座期。

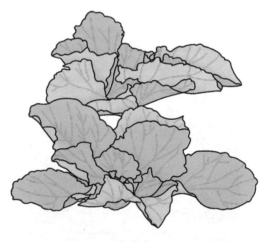

莲座叶

4. 结球期　从开始结球到收获，称为结球期。

结球初期，叶环外层叶迅速生长，体积增加，俗称"拉框"。

结球初期

结球中期，叶球内叶子迅速生长充实内部，体积增加。

结球中期

结球后期，叶球体积不再增大，只是继续充实内部。

结球后期

收获期，叶球紧实时，即可采收。

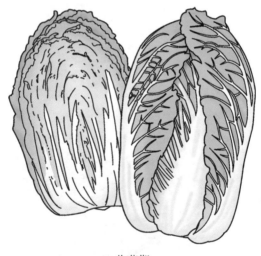

收获期

5. 休眠期　结球白菜遇到低温时处于被迫休眠状态，依靠叶球贮存的养分和水分生活。休眠期可形成花芽和幼小花蕾。

休眠期

6. 抽薹期　已经形成花芽的植株在翌年初春开始生长，花薹开始伸长而进入抽薹期。

抽薹期

7. 开花期　花薹上的花蕾开放，植株进入开花期。

开花期

8. 结荚期　谢花后植株进入结荚期。

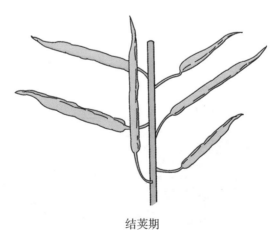

结荚期

大白菜生产上不需要考虑生殖生长阶段，只需获得紧实的叶球即可。但在发芽期至幼苗期如遇到一定的低温，大白菜可从幼苗期直接进入生殖生长阶段，不能形成叶球产品。

提早抽薹

（二）对环境条件的要求

1. 温度 发芽期适温为 20～25℃，幼苗期对温度适应性较强，莲座期适温为 17～22℃，结球期适温为 12～22℃。温度低于 12℃，植株易抽薹开花，难以形成商品叶球；温度高于 30℃，植株易感病。

2. 光照 大白菜喜欢光照，充足的光照可促进大白菜提高品质，增加产量。

3. 水分 大白菜需水量较大，但空气湿度过大，植株易感病；土壤湿度过大，植株生长不良。

4. 土壤　大白菜喜肥沃、疏松、保水、保肥、通气性好的土壤。

5. 营养　大白菜对氮肥需求较多，但必须配施充足的磷、钾肥，才能增加产量、提高品质、减少病虫害。补充钙肥可预防大白菜干烧心，不要使用含氯的肥料。

二、大白菜主要品种类型

(一) 鲁春白1号（83-1）

青岛市农业科学研究所育成，早熟品种，生育期60天。外叶深绿，叶柄淡绿，球顶舒心，株形炮弹形。单球重3千克，亩产叶球5 500千克。春播冬性强。抗霜霉病、软腐病和病毒病。商品性状优良，耐贮运，风味品质良好。

(二) 津绿75

天津科润蔬菜研究所育成的中熟大白菜一代杂交种。球高48厘米左右，单球重4千克左右，株型直立紧凑，直筒形，结球性极强，外叶少。球顶花心，叶深绿色，叶纹适中，纤维少，品质优，净菜率高，口感好，经济价值高。昆明地区种植生育期为75～80天。对病毒病和霜霉病抗性极强。在昆明地区经过栽培，抗病性和商品性表现较好。

(三) CR铁甲1号

德高蔬菜种苗研究所育成，属叶数型中熟品种，适宜温度下播种65天可收获。外叶绿色，白帮。球叶合抱，球顶舒心，叶球炮弹形，球心淡黄色，叶片数61片，单球重3.5千克，软叶率52%，净菜率76%。微甜，商品性佳，耐贮运。

(四) 强势

适宜反季节栽培，生育期70天左右。矮桩叠抱，生长势强，结球能力强，球高27厘米，球径17～19厘米，单球重2～3千克，亩产4 000千克左右。株形炮弹形，紧实，外叶少，外叶深绿，全缘叶，叶面光滑、平整，中肋浅绿色，内叶黄色。品质佳，抗寒性强，苗期适宜温度为13℃，能耐短期8℃左右低温，耐抽薹。

(五) 康根51

来自韩国，中早熟品种（生育期60～65天）。生长势强，比较抗根肿病，外叶深绿色，新叶黄色，叶球炮弹形，单球重2~3千克。长势整齐，品质优良，较耐贮运。

（六）邵菜

来自日本，早熟品种，从播种到收获需70天。株型直立，抱合紧，炮弹形，包叶绿色，单株重1.5~2千克。抗病力特强，品质优良。适播期为4月中旬至9月中旬，提早播种易抽薹，需先试种后推广。

（七）小杂56

北京市农林科学院蔬菜研究中心育成的早熟一代杂种，生育期60天。株高40~50厘米，开展度60厘米，外叶浅绿色，心叶黄色，叶柄白色，叶球中高桩，外展内包。单球重2千克左右，亩产5 000~6 000千克。抗病，耐热，品质好。

（八）碧玉

夏大白菜一代杂种，极早熟，生长期45~50天。植株半直立，外叶深绿色。叶面有光泽，多皱，无毛。叶柄白，叶球合抱，梭形。球高约22厘米，球直径约11厘米。单球重0.7~0.9千克，耐热、耐湿、抗病，口感脆嫩，品质极佳。

（九）金福娃娃菜

来自日本，小型深黄心春秋兼用型娃娃菜，生育期50天左右。植株较直立，株高30厘米左右。叶色浅黄绿，外叶6片左右。叶球短直筒形，球高25厘米左右，球径20厘米左右，球内黄色，单球重1.5千克左右。风味品质好，耐贮运，纤维少，生食脆甜。

（十）高山娃娃菜

引自韩国，耐抽薹、抗根肿病，外叶深绿色、心叶嫩黄色，扣抱紧实，口味极佳。

三、菜地选择与基础设施建设

（一）菜地选择

1. 环境质量 空气、土壤、水源无污染。

2. 坡度要求 应小于 25°，若坡度大于 25°，易造成水土流失，破坏生态。

3. 土壤条件 土层厚度 20 厘米以上，土质肥沃，有机质含量高，无根肿病菌污染。

4. 灌溉条件 水源是规模化高山蔬菜商品生产的重要保障，大型水库下游、森林植被的下游或年降水量丰富的高山地区可优先造作种植基地。

5. 交通条件 交通便利是规模化高山蔬菜商品生产的重要条件，可沿国道、省道以及村间公路规划蔬菜生产基地。

6. 种植规模 种植规模应适当，规模过大影响生态环境，致使病虫害流行；规模过小不利于区域品牌的形成和产品销售。

（二）菜地基础设施建设

1. 导水沟　开挖导水沟可采用直畦交叉斜埂、直畦同向斜埂和斜畦反向斜埂。每隔 20～50 米沿水平 45°开挖导水沟，沟宽 40 厘米。若垂直做畦沟，畦沟越长，雨水冲刷力大容易造成水土流失。

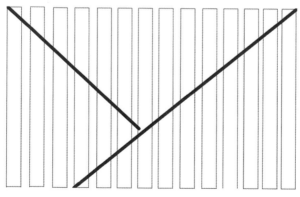

直畦交叉斜埂

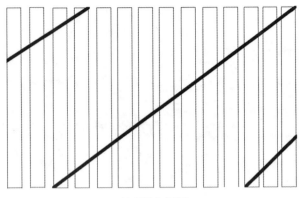

直畦同向斜埂

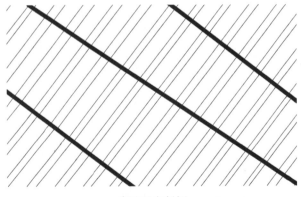

直畦反向斜埂

2. 坡地平田　　为防止水土流失，坡地菜田可建成土坎平田和石坎平田，方便耕种。

土坎上可配置护埂植物，形成农林复合生产的模式，既可防止水土流失，又能增加经济收入。护埂植物可选择草本或小灌木以及蔬菜、饲料和药用经济作物。

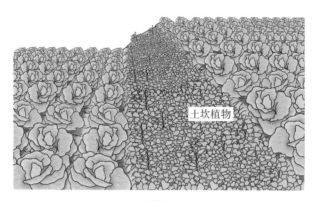

土坎平田

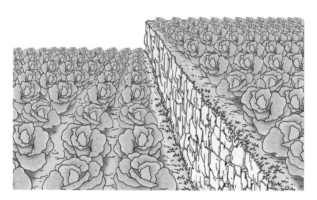

石坎平田

3. 避雨覆盖措施

（1）覆盖地膜。具有保土、保墒、保肥、防杂草、增地温的作用。

（2）设置避雨凉棚。可起到避雨降湿、通风降温和减少水土流失的作用，有效减轻暴雨高湿带来的病害影响。

4. 灌溉设施　蓄水池是干旱时节维持大白菜生产的有效措施。

避雨凉棚

高山聚雨

贮水窖

小型蓄水池

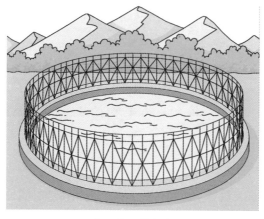

高山大型蓄水库

　　滴灌和喷灌是重要的节水灌溉措施，还可实现水肥一体化，提高肥料利用率。

滴灌

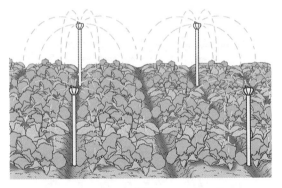

喷灌

　　5. 防灾设施　　每 20～50 千米^{2}的基地范围内配一门高射炮以防冰雹。

四、育苗技术

　　直播是大白菜生产的传统方式，占用耕地时间长。为了提高山区耕地复种指数，合理安排茬口，大白菜育苗移栽技术在高山蔬菜生产中迅速地得到推广应用。

（一）种子选择与消毒

选择当地适应性好的品种，球形符合销售需求，种粒饱满，发芽率高，最好能抗当地常见病害。没有经过消毒和包衣的种子，使用前可用温汤浸种和药剂处理。

1. 温汤浸种 将种子放入 55℃温水中搅拌，浸种 20～30 分钟。

温汤浸种

2. 药剂处理 可用50％福美双拌种，用药量为种子质量的 0.2％ 。

药剂处理

（二）床土育苗

1. 育苗床准备 选用前茬为非十字花科蔬菜的地块制作

苗床。土壤翻晒消毒，耕细，添加 1/5 体积的腐殖土、干马粪、干牛粪混匀，制成 5～7 厘米厚的床土。干旱季节采用低畦苗床，雨水充沛时采用高畦苗床。

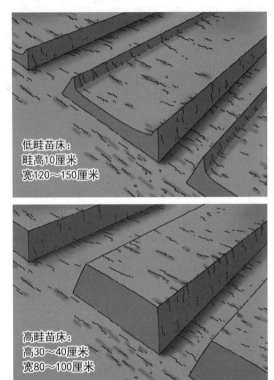

低畦苗床：
畦高10厘米
宽120～150厘米

高畦苗床：
高30～40厘米
宽80～100厘米

　　2. 播种　　播种前疏松床土，浇足水，种子撒播，覆床土 3～5 毫米，低温干旱季节可覆地膜保温保湿。

　　3. 育苗管理　　出苗后揭膜，根据墒情在早晨或傍晚浇水，避免高温高湿，经常去除杂草。在 2～3 片真叶时间苗，苗间距 3～4 厘米，间苗后可结合浇水每亩追施尿素 5～10 千克。

　　（三）漂浮育苗

　　1. 育苗池制作　　在设施条件下，可用砖或木板固定四周，

间苗有利于
幼苗发育

池深 20 厘米左右，将厚塑料膜铺在池中以盛装水肥。

2. **填装基质**　漂浮盘规格为 100～128 孔，填装一定比例的草炭、蔗渣、椰糠等基质。

3. **播种**　在漂浮盘每孔穴播入 1～2 粒饱满的种子。

4. **加肥水**　育苗池中投入氮-磷-钾＝15-15-15 的复合肥，浓度 0.3％～0.5％，液深 15～18 厘米。

5. **防病、防绿藻**　池中加入 4％硫酸铜溶液防绿藻滋生，

摆盘

加入农用高锰酸钾至池水呈浅粉色，可防根系病害发生。

6. **摆盘**　将播种的飘浮盘放入育苗池中，要求每个育苗池被飘浮盘完全覆盖。

7. **温光管理**　日间适宜温度 20～25℃，夜间适宜温度15～18℃，增加通风和光照有利于培育壮苗。

（四）成苗

视温度而定，通常需 17～25 天成苗，有 4～6 片真叶、有发达的根系为宜。

床土育苗成苗

漂浮育苗成苗

五、田间管理

（一）整地

1. 清洁田地 清除上茬作物残体，集中深埋或者覆土燃烧。注意及时扑灭火星，防止引起森林火灾。地膜可单独回收或集中处理。

2. 土壤调酸补钙 每亩撒施生石灰 50 千克。

撒施生石灰

3. 施足底肥 增施有机质，每亩施农家肥 2 500～3 000 千克，如腐熟猪粪、枯枝落叶烧制的"火粪"。每亩施复合肥（15-15-15）85～100 千克。

4. 深耕做畦 土壤深耕，适当暴晒杀菌。雨水充沛季节，高厢做畦，畦面宽 60 厘米，畦沟宽 35～40 厘米；干旱季节，畦高 10 厘米，畦宽 90～140 厘米，畦沟宽 20 厘米。

（二）直播和定植

不管直播还是定植，都要注意株行距。株型较大的大白菜株行距（35～40）厘米×（35～40）厘米，娃娃菜株行距 25

施底肥

厘米×25 厘米。

1. 直播　整地足墒后进行播种，每穴播种 4～5 粒，覆细土 3～5 毫米，覆地膜可保墒、增低温、防杂草。出苗后地膜破孔进行引苗，破孔地膜用土壤覆盖，防止温度过高伤苗。在 1～2 片真叶时间苗，只留 1 株壮苗，同时去除苗周围杂草。

直播

2. 定植 整地足墒后先进行地膜覆盖，再打孔准备定植。定植时每孔选壮苗 1 株，定植后根部稍压一下，浇定根水，再用干细土薄薄地填充在孔穴周围。定植深度适中，过深影响大白菜生长。

定植

（三）肥水管理

直播大白菜 2～3 片真叶时或定植成活后，亩施尿素（5～7.5 千克）＋硫酸钾（5～6 千克）；莲座期亩施尿素 10～12.5 千克；结球初期，追施氮磷钾复合肥（15-15-15）20～30 千克。若有脱肥迹象，可适当叶面喷施叶面肥，如 0.1％尿素、碳酸氢铵等，亩施 2 千克。注意不能多种肥料同时喷施，亦不能与农药混合喷施。

如果土壤贫瘠，保肥能力差，可每 20 天追施复合肥（15-15-15）1 次，每次每亩 10～20 千克，追施 4～5 次。注意采收前 20 天不要施肥，以防止产品中硝酸盐含量超标，影响产品销售。

喷施叶面肥

（四）病虫害防治

1. 主要病害　大白菜主要病害有根肿病、软腐病、霜霉病、病毒病、黑斑病等。

2. 主要害虫　大白菜主要害虫有蚜虫、跳甲、小菜蛾、菜青虫、蜗牛、小地老虎等。

3. 农业防治

①选用抗病品种。

②清洁菜地，深翻晒土。

③种子消毒，壮苗移栽。

④及时拔除病株，并带出田外烧毁，去除病土并用药土填充。

根肿病症状

软腐病症状

病毒病症状

黑斑病症状

小菜蛾

小地老虎

蛞蝓

蜗牛

⑤与非十字花科作物轮作。前茬以葫芦科、百合科、茄科以及禾本科等非十字花科作物为宜。

⑥高畦深沟种植，避免高温高湿。

⑦使用黄板、杀虫灯、性诱剂等杀虫。

黄板杀虫

4. 化学防治　主要用于预防和受害初期，采收前 20 天内禁止用药。

（1）霜霉病。可用 25％甲霜灵可湿性粉剂 800 倍液、72％霜脲氰可湿性粉剂 600 倍液、75％百菌清可湿性粉剂 600 倍液、70％代森锰锌可湿性粉剂 500 倍液交替喷施，注意中、下部叶片和叶片背面是喷施重点。

（2）软腐病。可用 72％农用链霉素 5 000 倍液、70％地克松可湿性粉剂 600～1 000 倍液在发病初期交替喷施。7～10 天 1 次，重点喷洒病株基部及近地表处。

（3）黑斑病。可用 75％百菌清可湿性粉剂 600 倍液、50％异菌脲悬浮剂 1 000 倍液、70％代森锰锌可湿性粉剂 500 倍液交替喷施。7～10 天 1 次，连续喷施 2 次。

（4）根肿病。可用 50％氟啶胺悬浮剂 2 000 倍液于定植时、定植后 10 天、定植后 20 天灌根。

（5）病毒病。可用50％抗蚜威可湿性粉剂2 000～3 000倍液、25％吡虫啉悬浮剂1 000～2 000倍液、2％阿维菌素乳油2 000倍液交替喷施，防治蚜虫、蓟马等传毒害虫。

（6）地下害虫。可用50％辛硫磷乳油800～1 000倍液、2.5％溴氰菊酯乳油6 000～8 000倍液交替喷施土壤表面，虫龄较大时可用80％敌敌畏乳油1 500倍液灌根。

（7）常见地上害虫。可用2.5％艾克敌胶悬剂1 000倍液、5％氟虫脲乳油2 000～2 500倍液、5％氟啶脲乳油2 000～2 500倍液、苏云金杆菌粉剂500～1 000倍液，防治菜青虫、小菜蛾、菜螟、斜纹夜蛾等。

（8）蜗牛、蛞蝓。可撒施6％四聚乙醛颗粒剂800克/亩。

六、采收

在大白菜收获前4～5天停止浇水。按产量销售的大白菜，当90％以上叶球紧实时就可采收，延迟采收易导致腐烂脱帮，软腐病加重。批量销售的大白菜，以单球重2.5千克以下、无病斑、无虫眼、叶球无破损、大小均匀为佳。娃娃菜以单球重0.5～1千克为宜，按株销售，可适当提前采收。

收获后

第三章 辣椒实用栽培技术

一、品种类型

（一）按果实形状分类

辣椒按果实形状可以分为樱桃椒、圆锥椒、簇生椒、长辣椒和灯笼椒。

1. 樱桃椒 植株中等或矮小，分枝性强，叶片较小。果实圆球形或扁圆形，小如樱桃而得名，也有大如苹果的类型。辣味甚强，可晒干制干椒或供观赏。如建水樱桃椒、四川扣子椒等。

樱桃椒

2. 圆锥椒 果实为圆锥形或圆筒形，多向上生长，味辣。

3. 簇生椒 株高可达 1 米，叶柄细长。果实指状或圆锥形，长 4～10 厘米，果色深红，果肉薄，辣味甚强，油份高，晚熟，耐热，抗病毒性强。

圆锥椒

簇生椒

4. 长辣椒　分枝性强，果实一般下垂，为长角形，先端尖，微弯曲，似牛角、羊角，线形。果肉薄的品种辛辣味强，供干制、腌渍或制辣椒酱。

（1）牛角椒。果实直径较大，形如牛角。

牛角椒

（2）羊角椒。果实直径小于牛角椒，形如羊角。

羊角椒

（3）线椒。辣椒果实细长。

线　椒

5. 灯笼椒　肉质厚而柔软，果形较大，蓬松，颜色各异，一般钟状，有沟纹，可做沙拉或菜肴，观赏期达半年之久。海

灯笼椒

南黄灯笼辣椒为中国特色辣椒，主要在海南省的文昌、琼海、万宁、陵水等地生产，富含辣椒素类物质，辣度高，一般不作鲜食，主要做成辣椒酱。

（二）云南特优辣椒类型

云南灌木状辣椒是云南特优辣椒，是野生小米辣的一个变种。果实锥形，果皮略皱，有疙瘩状凸起，未成熟时呈绿色，成熟后变成鲜红色或橙色，以红色最为常见，具有一定的丰产性。

云南灌木状辣椒

二、生物学特性

（一）主要器官

1. 根 辣椒的根系不发达，一般分布在地下 25～30 厘米

根

处，育苗移栽过程主根易断。

2. 茎　辣椒茎秆直立，比较坚韧，高度30～150厘米。

茎

3. 叶　叶片对辣椒来说十分重要。苗期如果苗床土壤含水量过低，子叶不舒展；水分过多或光照不足时，子叶发黄而影响幼苗生长。

叶

4. 花　不同的辣椒品种，每个节位上花的数量不同。花的数量和质量受苗期影响非常大。

5. 果　辣椒的果实是主要的产品器官。不同辣椒品种，

花

结果的数量和形态也不一致。小果型辣椒每株结果量可多于
300 个，大果型的通常在 100 个以下。

果　实

6. 种子　种子是辣椒的繁殖器官。扁而平，呈肾形、卵
圆形或圆形。大粒种种子的千粒重可达 7.8 克，小粒种的仅
3.02 克。新种子有光泽，呈黄褐色，颜色浅；陈种子无光泽，

陈种子

新种子

呈深黄褐色。

（二）对环境条件的要求

1. 温度　不同的生长发育时期，辣椒对温度有不同的要求。种子发芽适宜温度25～30℃，需要4～5天；10～12℃时难以发芽。出苗后白天适温20～22℃，不超过25℃；夜温以15～18℃为宜，这样能使幼苗缓慢健壮生长，防止幼苗因生长太快而纤弱（俗称徒长）。3～4叶期后白天适温27℃左右，夜温20℃左右。开花授粉适宜温度20～27℃；低于15℃时，植株生长缓慢，易引起落花、落果。果实发育和转色期适温25～30℃；高于35℃时，果实因不能正常发育而脱落。

冬季保护地栽培的辣椒常因温度过低而变红。大果型品种往往比小果型品种更不耐高温。

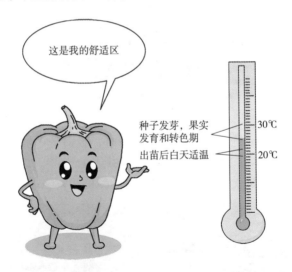

这是我的舒适区

种子发芽，果实发育和转色期 —— 30℃

出苗后白天适温 —— 20℃

2. 光照　种子在黑暗条件下容易发芽。幼苗生长则需要良好的光照条件。辣椒为日中性植物，只要温度适合，营养条件良好，光照时间对开花、花芽分化影响不大。但在较短的强光照条件下，开花较早。

较短的强光照条件下，开花较早。

3. 水分　辣椒较耐旱，尤其是小果型辣椒品种比大果型的甜椒更为耐旱。幼苗期植株尚小，需水不多。移栽后，植株生长量大，需水量随之增加。果实膨大期，足够的水分是获得优质高产的重要措施。空气湿度对幼苗生长和开花坐果影响很大：幼苗期，空气湿度过大，容易引起病害；初花期，湿度过大会造成落花；盛花期，空气过于干燥，也会造成落花落果。

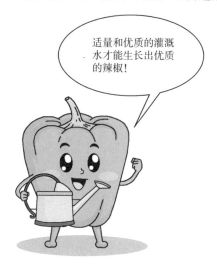

适量和优质的灌溉水才能生长出优质的辣椒！

4. 土壤　辣椒对土壤的要求并不十分严格，中性和微酸性土壤都可以种植辣椒。但应选择土层深厚、富含有机质、背风向阳、排水性好的地块。

5. 肥料　辣椒的生长需要充足的养分，对氮、磷、钾三要素均有较高的要求。

（1）幼苗期。植株幼小，需肥量少，但需要充分腐熟的农家肥和一定比例的磷、钾肥，尤其是磷肥。

（2）初花期。可适当施氮、磷肥。初花后对氮肥的需求量逐渐增加。

（3）盛花坐果期。对氮、磷、钾肥的需求量较大。在盛果期，一般每采收1次施1次肥，宜在采收前1~2天施用。对越夏恋秋栽培的植株，多施氮肥可促进新生枝叶的抽生；磷、钾肥可使茎秆粗壮，增强植株抗病能力，促进果实膨大。

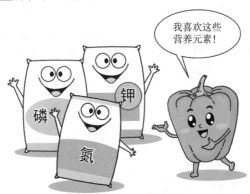

我喜欢这些营养元素！

6. 气体　发芽期，需要充足的氧气，浸种时间不宜过长。播种期，床土疏松透气。移栽后，中耕除草，增加透气性。

三、冬早辣椒栽培模式

（一）露地栽培

1. 品种选择与播种期

（1）品种选择。冬早辣椒露地栽培应选择抗病、耐寒、丰产性好、果肉厚、耐运输的优良品种。

（2）最佳播种期。立秋前后，一般 7 月 20 日至 8 月 5 日播种。如果种植面积较大，可以分两批播种，但最后一批的播种时间不能超过立秋后 5 天。若播种过早，温湿度较高，苗易徒长和感染病害；若过迟，气温下降快，移栽后生长缓慢，采收期推迟，总产量低。

2. 育苗

（1）苗床准备。选 2～3 年内没有种过茄科蔬菜的地块作苗床，浅翻细作并施少量氮磷钾三元素复合肥，整平后按 1.5 米宽做畦，并用福美双或代森锌，于播种时垫床或盖种，预防猝倒病和立枯病。

苗床准备

（2）种子处理。播种前浸种催芽。浸种时把种子浸到清洁水中，水以淹没种子为宜，在水中加几滴复硝酚钠水剂，促使种子出芽整齐。浸 4～5 小时后捞起种子，用纱布包好，放在温暖的地方催芽，当 50%～60%的种子露出白根时即可播种。

（3）播种。将准备好的苗床浇足底水，等水渗入土中，畦

面稍干，将催好芽的种子拌细沙土均匀地撒在畦面上，然后盖一层细土或药土，厚度以不露种为宜，最后盖一层农作物秸秆，以保持水分。

播　种

在雨量多、阳光强、气温高的季节，最好加盖遮阳网，防日晒和大雨冲刷，提高成苗率。一般每平方米播种量 50 克左

播种后覆盖稻草

右，可适当增加播种量，定植时选壮苗移栽。

加盖遮阳网

（4）苗期管理。

①保湿。播种后要保持土壤湿润，浇水时用喷壶喷洒在农作物秸秆上（稻草或玉米秆等），种子几乎全部破土出苗后才将农作物秸秆逐步揭除。

②间苗松土。齐苗后及时间苗松土，将小苗、弱苗、徒长

73

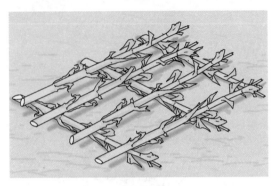

覆盖作物秸秆

苗、病苗和过密的苗间除，同时可疏松床土，防止板结。

间　苗

　　③施肥。辣椒苗期需肥量不大，一般不必追肥，如出现缺肥症状，可结合浇水追施少量三元素复合肥。用含氮、磷、钾各 10% 左右的专用复合肥配制，喷施浓度为 0.1%。

　　④炼苗。在定植前 7 天左右适当控水进行炼苗。如阴雨天气多、光照不足，要将遮阳网揭开透光，强光时再盖上，防止形成高脚苗。有条件的地方可进行 1 次营养袋育苗。

　　3. 定植

　　（1）定植前准备

揭　网

①耕地。移栽前先对土地深耕细耙。

②施肥。在施足农家肥的基础上，每亩加施三元素复合肥（15-15-15）50 千克、普钙 50 千克、硫酸钾 20 千克，混合撒施后再浅翻、细耙。

③做畦。畦宽 0.8 米左右，沟宽约 0.5 米，平整畦面。适当加大沟的宽度，有利于减轻病害，方便中后期采收等田间操作。辣椒根系较弱，既不耐旱也不耐涝，要清好沟道，确保雨后排水畅通。

做　畦

④防虫。为防止地下害虫危害，可用高效氯氟氰菊酯或辛硫磷对水喷雾。

⑤幼苗处理。起苗前1天苗床要浇透水，以利起苗。起苗后用生根剂稀释液蘸根，促进早发根和提高成活率（生根剂也可用于移栽后灌根）。

（2）移栽

①起苗。选高矮适中、生长正常的壮苗晴天定植。最好在中秋节前结束，否则，植株生长缓慢，树体小，结果推迟，产量低。

②密度。每畦栽2行，株距26厘米左右，单株定植，保证有效株3 500～4 000株/亩。

③浇水。栽好后立即浇定根水。

④防病。为防止起苗时根部伤口感染，可喷施70%敌磺钠溶液或5%菌毒清溶液，对防治根腐病有显著效果。

定　植

4. 田间管理

（1）保苗促壮。定植成活后，用复硝酚铵每100毫升对水150千克灌根1～2次，促早生快发。

（2）施肥。早施轻施提苗肥：肥料以复合肥为主，不宜只施尿素及其他速效肥料，以免徒长。基肥不足、椒苗生长较弱的地块，可施用少量尿素与磷酸二氢钾的混合液提苗。

施　肥

①酌施花肥。从开花至第一次采收前植株大量开花，此期要追施少量复合肥以满足开花结果需要，但要防止过量徒长引起落花。

②重施果肥。每采收 1 次，追施复合肥（15-15-15）10 千克、尿素 5 千克，此时雨季基本结束，最好水肥结合，有利于根部吸收。

③补施叶面肥。每采收 1 次，每亩用 100 克正大植物营养宝和 10 克芸薹素内酯对水 40～50 千克，喷施。

（3）浇水。辣椒生长前期，雨季尚未结束，一般不需要浇水，应注意清理沟道，防止涝害。开花结果后，逐步进入干旱时期，要适时适量浇水，应注意两点：①浇水前除草追肥，避免浇水后发生草荒和缺肥；②切忌大旱漫灌和中午灌水，水不能漫过畦面，以心土湿润为度，防止根系缺氧造成死亡、诱发其他病害。

（4）植株调整

①整枝。门椒采收后，去掉第一分枝以下所有的侧枝和老叶；盛果期可以将两行植株间向内生长且长势较弱的分枝剪掉。

浇 水

②架竿。当植株高度超过 60 厘米时，易被风吹倒，要插竹竿或系保护绳以支撑植株。

架 竿

5. 采收　门椒长到商品标准时，无论价格高低，都应及时采摘，否则挂果时间越长，株体老化越快，中后期结果越少，且果小，总产量明显下降，严重影响种植效益。

（二）地膜覆盖栽培

1. 播种期 11月中下旬播种，翌年2月至3月上旬定植。

2. 育苗

（1）苗床准备。选择背风向阳、水源充足、土地层次结构良好的地块。其他处理方式与露地栽培一致。

（2）种子处理。每亩精选种子40～50克，晒种2～3天，放入5～6倍的清水中浸3～4小时，漂洗干净后即可播种。

浸　种

（3）播种。苗床浇透水，待水渗透完后，床面铺一层薄薄的细土，然后撒施2/3的药土（每平方米用50%多菌灵8～10

洒　水

克拌细土3千克）。播种量可参考露地栽培。

播种后撒施剩下的调药土，然后覆盖0.5～0.8厘米厚的营养土，喷透水，再盖上稻草及薄膜。

（4）苗期管理。30％辣椒种子出苗后要及时揭除农作物秸秆和拱膜透光；完全出苗后间苗 1 次，清除杂草 2 次；苗期要注意防猝倒病和蚜虫。其他管理措施参考露地栽培。

3. 定植

（1）定植前准备。

①整地。开春后要提早进行耕翻、耙地等作业，清除前茬秸秆及其他杂物。

②做畦。畦向以南北向为好，受光均匀，利于提高地温。畦高一般以 15～20 厘米为宜，过高会增加劳动量，过低会影响地温的增温效果。

③施肥。每亩施腐熟农家肥 1 500 千克和辣椒专用肥 40 千克作基肥。基肥应在整地前全面铺施，并与沟施、穴施相结合，铺施量占 2/3，另 1/3 作沟施或穴施。

整　地

（2）移栽。应避开晚霜期和持续低温寒冷的天气。定植株行距以 35 厘米×40 厘米为宜，定植时尽量做到辣椒苗正、直、匀，以便于盖膜。

地膜覆盖栽培的移栽方式有两种，一种是铺膜后移栽，另一种是移栽后铺膜。冬早辣椒地膜覆盖栽培一般采用移栽后铺膜，定植后浇透定根水，待地面稍干后，将地膜覆盖畦面，按幼苗位置破孔引苗，然后拉紧薄膜，四周用泥土压紧，破孔处用细土封严。

移　栽

4. 田间管理

（1）补苗及施肥

①补苗。辣椒正季栽培一般不用补苗，但冬早地膜辣椒栽培的效益较好，移栽后7～10天，要注意查苗补苗，保证全苗。

②施肥。移栽后2～3周追施第一次提苗肥，主要以尿素

施　肥

为主（10千克/亩），根部灌施；第二次施肥在开花、挂果期，以辣椒专用肥为主（20千克/亩），破孔追施，覆土压实，以确保整个生育期不缺肥。

（2）地膜管理。在进行田间操作时，要注意保护地膜不受损坏，并经常检查，发现有破裂或不严的地方，及时用土压严。

（3）中耕管理。冬早地膜覆盖栽培可以不进行中耕除草。一般情况下，如能保证整地、起垄和覆膜的质量，在3—4月，膜下土壤表面温度可达40～50℃，可使大部分杂草的生长受到抑制。

长势良好的植株

5. 植株调整及采收　植株调整及采收参考露地栽培。

采收期

四、间套作

（一）辣椒与玉米间作

辣椒与玉米间作适宜采用 4∶1 和 6∶1 的行数比，其中大株型品种以辣椒∶玉米＝4∶1 的行数比为好，而中株型或小株型品种以 6∶1 的行数比为宜。干椒与玉米间作以 10∶2 的行数比为好。

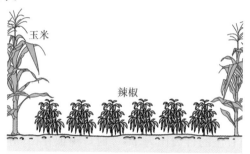

辣椒与玉米间作

（二）辣椒与菜豆间作

辣椒与菜豆的行数比为 4∶2 或 6∶2，这样就形成一低一高带式二层结构，或低高错落的宽、窄带二层复合结构。

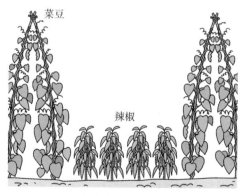

辣椒与菜豆间作

（三）辣椒与西瓜间作

辣椒栽植于西瓜行的两侧，与西瓜的行数比为 2∶1。

辣椒与西瓜间作

（四）辣椒与甘蔗间作

辣椒与甘蔗的行数比为 1∶2 时，辣椒在田间的平均行距为 180 厘米，株距为 30～45 厘米；甘蔗的平均行距为 90～100 厘米。行数比为 2∶2 时，辣椒的田间行距为 110～120 厘米，株距为 20～35 厘米；甘蔗的平均行距为 190 厘米。

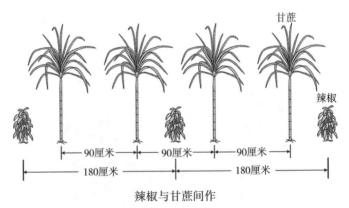

辣椒与甘蔗间作

（五）辣椒与小麦套作

麦椒套作主要有三种种植模式（一四式、一三式、一二式），以一三式为主。一三式种植带宽 1.5 米，种 1 行小麦，畦面移栽 3 行辣椒；一四式种植带宽 2 米，种 1 行小麦，畦面移栽 4 行辣椒；一二式种植带宽 1 米，种 1 行小麦，畦面移栽 2 行辣椒。

麦椒一三式套作

（六）辣椒与甘蓝间作

在早春甘蓝与日本天鹰椒间作时，甘蓝行距 33～40 厘米，株距 33～40 厘米；日本天鹰椒栽植行距 40～50 厘米，株距 15 厘米。

早春甘蓝与线辣椒间作时，由于线辣椒品种类型较多，按植株的形态来分，就有矮小型、直立型、圆紧型、半开张型和开张型等不同类型，植株开张度（又称株幅）差异很大，因此间作时的栽植密度不一，各地应根据间作品种的植株开张度决定间作时的株行距与密度。

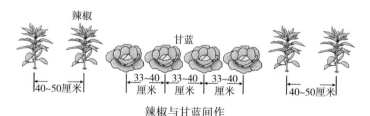

辣椒与甘蓝间作

（七）辣椒与洋葱间作

洋葱与辣椒套种的行数比为 4∶1，在 70～71 厘米的间作带内栽植 4 行洋葱，洋葱行距 17 厘米，辣椒与洋葱的行

辣椒与洋葱间作

距 19～20 厘米。

五、辣椒病虫害绿色防控

（一）病害

1. 猝倒病

（1）症状。播种后，病菌侵染种子，常造成胚茎和子叶变褐腐烂，致使种子不能萌发，幼苗不能出土。幼苗出土后，茎基部出现水渍状病斑，很快向上发展，变黄褐色，病部失水后幼茎缢缩或呈线状，引起幼苗猝倒，倒伏时子叶尚未凋萎。发生猝倒病的地块，病株由点到片发展迅速，常造成死苗。

猝倒病症状

（2）防治方法

①苗床选择与处理。应选择地势高、避风向阳、排灌方便、土壤肥沃、透气性好的无病地块。播前要充分翻晒苗床，

对旧苗床进行土壤处理。每平方米苗床用 50％多菌灵可湿性粉剂 8～10 克，加细土 5 千克，混合均匀。1/3 药土作为垫层，播种后将其余 2/3 药土作为覆盖层。

②种子消毒。用 40％甲醛 100 倍液浸种 30 分钟后冲洗干净，或用 4％嘧啶核苷类抗生素（瓜菜烟草型）水剂 600 倍液浸种 30 分钟后催芽播种，以缩短种子在土壤中的时间。

③加强栽培管理。与非茄科作物轮作 2～3 年；苗床土壤温度保持在 16℃以上，气温保持在 20～30℃；出齐苗后注意通风，防止苗床湿度过大；及时拔除病株，集中烧毁。

④药剂防治。4％嘧啶核苷类抗生素（瓜菜烟草型）水剂 500～600 倍液、75％百菌清可湿性粉剂 800 倍液、50％多菌灵可湿性粉剂 600 倍液、70％代森锌可湿性粉剂 500 倍液，每 7 天喷 1 次，连喷 2～3 次。以上药剂交替使用效果更佳。

2. 立枯病

（1）症状。立枯病一般发生在苗期，多在真叶出现后、开花结果前发生危害。幼苗白天萎蔫，夜间恢复，反复几天以后，枯萎死亡。茎基部生椭圆形、暗褐色病斑，略凹陷，后扩大到茎基部周围，病部收缩干枯，叶色变黄凋萎，根变褐腐

立枯病症状

烂，直至全部死亡。由于本病发生在茎细胞木栓化以后，一般不倒伏，立枯病因此而得名。湿度高时，病部产生稀疏的褐色蛛网状霉（可据此状与猝倒病区别）。

（2）防治方法

①种子处理。用干种子重量 0.2％的 40％福美·拌种灵可湿性粉剂拌种杀菌。

②苗床处理。使用无病苗床，用 50％异菌脲可湿性粉剂或 50％乙烯菌核利可湿性粉剂 10 克与 20～30 千克细土混匀，80％拌土作垫土，20％作盖土。

③药剂防治。发病初期选喷 20％甲基立枯磷乳油 1 200 倍液，36％甲基硫菌灵悬浮剂 500 倍液等。喷药时注意喷洒茎基部及周围地面，7～8 天喷 1 次，连喷 2～3 次。

④生态防治。发病时，苗床内撒施干细土或草木灰，以减轻床内湿度，同时清除病株，防止病害蔓延。注意通风，防止低温高湿，白天保持在 20～25℃，夜间保持在 15～20℃。注意防止冻害，最好在 9—16 时通风，夜间盖好薄膜保温。

3. 灰霉病

（1）症状。幼苗染病，子叶先端变黄，后扩展到幼茎，导致茎缢缩变细，病部折断而枯死。叶片染病，病部腐烂或长出灰色霉状物，上部叶片全部烂掉，仅余下半截茎。成株染病，茎上初生水渍状不规则形斑，后变灰白色或褐色，病斑绕茎一周，其上端枝叶萎蔫枯死，表面生灰白色霉状物；枝条染病呈褐色或灰白色，有灰霉，病枝向下蔓延至分杈处。花器染病花瓣呈褐色水渍状，密生灰色霉层。

（2）防治方法。①保护地栽培要加强通风管理。②发病初期适当控水。③发病后及时摘除病果、病叶和侧枝，集中烧毁或深埋。④大棚或温室可选用 10％腐霉利烟剂，每亩用 250～300 克熏烟，隔 7 天 1 次，连续或交替熏 2～3 次。⑤种植密度不宜过大，每亩 3 000～3 100 株。⑥药剂防治可用 50％异

灰霉病症状

菌脲可湿性粉剂 1 500 倍液、50％腐霉利可湿性粉剂 2 000 倍液等，每亩喷药液 50 升，隔 7～10 天 1 次，视病情连续防治 2～3 次。

4. 疫病

（1）症状。成株染病，叶片上出现暗绿色圆形病斑，边缘不明显，潮湿时，出现白色霉状物，病斑扩展迅速，叶片大部分软腐，易脱落，干后呈淡褐色。茎部染病，病斑呈暗褐色条状软腐，边缘不明显，条斑以上枝叶枯萎，潮湿时斑上出现白色霉层。果实染病，病斑呈水渍状暗绿色软腐，边缘不明显，潮湿时，病部扩展迅速，可造成全果软腐，果上密生白色霉状物，干燥后变淡褐色、枯干。

疫病症状

　（2）防治方法。①实行轮作、深翻改土，增施有机肥料、磷钾肥和微肥，改善土壤结构，提高保肥保水性能。②选用抗病品种，种子严格消毒，培育无菌壮苗。③栽植前高温闷棚，铲除室内残留病菌。④结合根外追肥，每 10～15 天喷施植物营养保健剂"天达-2116"600～1 000 倍液，连续喷洒 4～6 次，提高植株自身的适应性和抗逆性。⑤全面覆盖地膜，加强通气，白天温度维持 25～30℃，夜晚维持在 14～18℃，空气相对湿度控制在 70% 以下。⑥注意观察，发现少量发病叶果，立即摘除深埋。⑦药剂防治，定植后每 10～15 天喷洒 1 次 1：1：200 倍等量式波尔多液（不要喷洒花蕾和生长点）。开始发病可选用 72.2% 霜霉威盐酸盐水剂 800 倍液、72% 霜脲氰可湿性粉剂 700～800 倍液、70% 甲霜•锰锌可湿性粉剂 500 倍液、70% 乙铝•锰锌可湿性粉剂 500 倍液等。以上药液需交替使用，每 5～7 天 1 次，连续 2～3 次。

5. 炭疽病

（1）症状。①果实染病。先出现湿润状、褐色椭圆形或不规则形病斑，稍凹陷，斑面上有明显环纹状的橙红色小粒点，后转变为黑色小点。天气潮湿时溢出淡粉红色的黏稠粒状物。天气干燥时，病部干缩变薄成纸状且易破裂。②叶片染病。多发生在老熟叶片上，产生近圆形的褐色病斑，亦产生轮状排列的黑色小粒点，严重时可致落叶。③茎和果梗染病。出现不规则短条形凹陷的褐色病斑，干燥时表皮易破裂。

（2）防治方法。①无病果留种，减少初侵染菌源。②清除病残体，收后播前翻晒土壤。③种植抗病品种。选用无菌种子并进行播前处理。④定植前要搞好土壤消毒，结合翻耕，每亩撒施 70% 地克松可湿性粉剂 2.5 千克，或撒施 70% 的甲霜•锰锌可湿性粉剂 2.5 千克，杀灭土壤中残留病菌。⑤药剂防治。定植后，每 10～15 天喷洒 1 次 1：1：200 倍等量式波尔多液，进行保护。发病初期可选喷 80% 福•福锌可湿性粉剂 600～800 倍液、50% 多菌灵可湿性粉剂 500 倍液。隔 7～10 天喷 1 次，连续喷 2～3 次。⑥加强栽培管理，及时清洁田园。

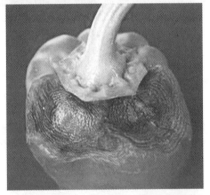

炭疽病症状

6. 白粉病

（1）症状。主要危害叶片。发病初期叶正面出现边缘不明显的黄斑，有时黄斑中出现坏死组织，甚至形成坏死斑。叶背可见白色霉层，初发时霉层稀疏，往往受到叶脉的限制，形成许多三角形的白斑，后期白色的斑点连接成片，使整个叶背变成白色。

白粉病症状

（2）防治方法

①栽培管理。适当稀植，控制温度，防止棚室湿度过低和

空气过于干燥；生长期和采收后，及时清除病残体。

　　②药剂防治。辣椒挂果时喷保护性杀菌剂，如50％硫悬浮剂500倍液，或75％百菌清可湿性粉剂500倍液。清园后，用硫黄熏烟。

　　7.病毒病

　　（1）症状

　　①花叶。典型症状是病叶、病果出现不规则浓绿与淡绿相间的斑驳，严重时病叶和病果畸形皱缩，叶明脉，植株生长缓慢或矮化。②黄化。病叶变黄，严重时植株上部叶片全变黄

病毒病症状

色，整株上黄下绿。③坏死。包括顶枯、斑驳坏死和条纹状坏死。④畸形。病叶增厚、变小或呈蕨叶状，叶面皱缩，植株节间缩短矮化，枝叶丝生呈丛簇状。

（2）防治方法。①选用抗、耐病品种，进行种子消毒。②适时早播；采用地膜覆盖栽培；露地栽培应及时中耕、松土，促进植株生长；与高秆作物间作。③及早防治传毒蚜虫。④药剂防治。NS-83 增抗剂 100 倍液，定植前 10～15 天喷第一次，缓苗后喷第二次，盛果期前期喷第三次。可用 0.1％硫酸锌、20％病毒 A 可湿性粉剂 500 倍液，1.5％十二烷基硫酸钠乳剂

1 000 倍液防治。也可应用卫星病毒 S52 防治黄瓜花叶病毒，用法是将弱毒疫苗与 S52 稀释 100 倍液，用喷枪喷雾，连续使用 3～4 次，可有一定的效果。

8. 疮痂病

（1）症状。主要危害叶片、茎蔓、果实，果柄也可受害。叶片染病，初现许多圆形或不整齐水渍状斑点，墨绿色至黄褐色，有时出现轮纹，病部不规则隆起，呈疮痂状，多时可融合成较大斑点，引起叶片脱落。茎蔓染病出现不规则条斑或斑块，后木栓化，或纵裂为疮痂状。果实染病，出现圆形或长圆形病斑，稍隆起，墨绿色，后期木栓化。

（2）防治方法。①选用抗病品种，选用无病种子，种子消毒。②实行 2～3 年轮作。③药剂防治。发病初期开始喷洒 60％琥铜·乙膦铝可湿性粉剂 500 倍液，隔 7～10 天 1 次，连

疮痂病症状

续使用 2～3 次。

9. 细菌性叶斑病

（1）症状。在田间点片发生，主要危害叶片。成株叶片发病，初呈黄绿色不规则水渍状小斑点，扩大后变为红褐色或深褐色至铁锈色，病斑膜质，大小不等。干燥时，病斑多呈红褐色。该病扩展速度很快，一株上个别叶片或多数叶片发病，植株仍可生长，严重的叶片可脱落。细菌性叶斑病的病健交界处明显，但不隆起，有别于疮痂病。

（2）防治方法。①与非茄科蔬菜实行 2～3 年轮作。②平

细菌性叶斑病症状

整土地，北方宜采用垄作，南方采用高畦深沟栽植。③选用抗病品种，使用无病种子，并使用种子消毒。④收获后及时清除病残体，及时深翻。⑤药剂防治。发病初期开始喷洒50％琥胶肥酸铜可湿性粉剂 500 倍液或 14％络氨铜水剂 300 倍液、77％氢氧化铜可湿性微粒粉剂 400～500 倍液、1∶1∶200 等量式波尔多液，隔 7～10 天 1 次，连续防治 2～3 次。

10. 青枯病

（1）症状。局部侵染，全株发病。比较明显的症状是植株叶色青绿（仅欠光泽）时发生萎垂，中午尤为明显；病程进展较急促，通常始病后 3 天左右全株枯死；病株拔起初期不易断头。

（2）防治方法。①选择排水良好的沙壤土栽培，实行 3 年以上轮作。提早播种。田间注意排水。②整枝、松土、追肥等工作，应在发病期前完成。③药剂进入发病阶段，预防性喷淋14％络氨铜水剂 300 倍液、77％氢氧化铜可湿性微粒粉剂 500倍液，隔 7～10 天 1 次，连续防治 3～4 次。

青枯病症状

11. 软腐病

（1）症状。在辣椒结果中后期，果实遭受虫伤或机械损伤，导致细菌侵入，被害果实开始渍水，暗绿色，果肉渐渐腐烂，全果变软且成黄褐色湿腐型病果，以后逐渐失水变干，仅留外面一层白色果皮，成为干腐型病果，悬挂枝上。

（2）防治方法。①及时清洁田园。与非茄科蔬菜进行 2 年

软腐病症状

以上轮作。②培育壮苗，适时定植，合理密植。③保护地栽培要加强通风。④药剂防治。及时喷洒杀虫剂防治烟青虫等蛀果害虫。雨前雨后及时喷洒 50％琥胶肥酸铜可湿性粉剂 500倍液。

（二）虫害

1. 蚜虫

（1）危害特点。蚜虫喜在叶面上刺吸植物汁液，造成叶片

蚜　虫

蚜虫危害状

卷缩变形，使植株生长不良，并因蜕皮和排泄大量蜜露而污染叶面。同时，蚜虫能传播病毒病，其危害远大于虫害本身。

（2）防治方法。①前茬作物收获后，及时处理残株败叶，铲除杂草。②利用黄板诱杀，或用银灰色反光塑料膜避蚜。③药剂防治。选用50％避蚜雾可湿性粉剂2 000～3 000倍液，或2.5％溴氰菊酯乳油2 000～3 000倍液，或20％氰戊菊酯（速灭杀丁）乳油2 000～3 000倍液，或40％菊杀乳油2 000～3 000倍液等喷雾。喷药时每亩喷药液50～60千克，每隔1周喷1次，连续喷2～3次，在药液内加入0.1％洗衣粉作展着剂效果更佳。

2. 美洲斑潜蝇

（1）危害特点。美洲斑潜蝇幼虫潜入叶片、叶柄，蛀食后形成不规则的蛇形白色虫道，成虫刺吸叶面形成刻点。病原菌沿虫道、刻点侵入，加重危害，严重时叶片脱落，花芽和果实被灼伤。

（2）防治方法。①预防为主，综合治理。在防治策略上，应重点抓好冬春季保护地害虫的防治，以减少露地虫源，及时消灭羽化成虫和初孵幼虫，同时利用夏季高温闷棚和冬季低温冷冻，有效降低虫口基数。②肥水管理。加强肥水管理，尽量

美洲斑潜蝇

少施氮肥，增施有机肥，在化蛹高峰期深耕，创造不适合其羽化的环境。③生物防治。保护寄生性天敌，如姬小蜂科的多种寄生蜂；捕食性天敌，如小花蝽等。④利用其趋黄的特性诱杀。可用废塑料瓶涂上黄漆诱杀成虫，但在暴风雨天气和夜间不能诱到成虫。⑤药物防治。可选用 10％吡虫啉可湿性粉剂 1 000倍液喷雾。用药适期掌握在成虫产卵高峰期至初孵幼虫期。

3. 温室白粉虱

（1）危害特点。温室白粉虱主要以成虫和若虫群集在叶片背面吸食植物汁液，使叶片褪绿变黄萎蔫甚至枯死，影响作物正常生长发育。同时，成虫分泌的大量蜜露堆积于叶面及果实上，严重影响光合作用和呼吸作用，降低作物产量和品质。此外，该虫还能传播某些病毒病。

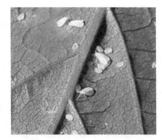

温室白粉虱　　　　　　　　　　温室白粉虱危害状

（2）防治方法。①农业防治。育苗或栽植前，应彻底清除杂草和残株，用敌敌畏等药剂熏杀残余虫口；在温室的通风口设置纱网，防止外面的虫源侵入。培育无虫苗；温室秋冬茬栽植白粉虱不喜食的芹菜、油菜、蒜黄及十字花科、百合科等蔬菜。②物理防治。使用黄板诱杀。③生物防治。人工释放丽蚜小蜂"黑蛹"3～5头/株，每10天放1次，共放3～4次。④药剂防治。发生初期可用20％氰戊菊酯乳油5 000倍液，或2.5％溴氰菊酯乳油2 000～3 000倍液喷施。

4. 茶黄螨

（1）危害特点。成、幼螨集中在寄主幼嫩部位刺吸汁液。被害叶片背面呈油渍状，渐变黄褐色，叶缘向下弯曲，幼茎变黄褐色，受害严重的植株矮小、丛枝，落花落果，形成秃尖，果柄及果尖变黄褐色，失去光泽，果实生长停滞变硬。

茶黄螨

茶黄螨危害状

（2）防治方法。①选光照条件好、地势高燥、排水良好的地块，与韭菜、生菜、小白菜、油菜、香菜等耐寒叶菜类轮作。②合理密植、高畦宽窄行栽培。及时整枝、合理疏密。③施用腐熟有机肥，追施氮、磷、钾速效肥，控制好浇水量，雨后加强排水、浅锄。盛花盛果前不施过量化肥，尤其是氮肥，避免植株生长过旺。④清除渠埂和田园周围的杂草。深翻耕地，消灭虫源。勤检查，发现受害植株，及早控制；田间卷叶株率达到0.5％时就要喷药控制。⑤在春季控制白天的室温和棚温达30℃以上，以减少露地蔬菜的茶黄螨来源。⑥药剂防治。用硫黄粉熏蒸，消灭虫源。用1.8％甲氨基阿维菌素乳油3 000倍液喷雾，安全间隔期7～10天。用20％复方浏阳霉素乳油1 000倍液喷雾，间隔期7天。用73％炔螨特乳油2 500倍液喷雾，间隔期7天。用15％哒螨灵乳油3 000倍液喷雾，间隔期40天。用5％噻螨酮乳油或可湿性粉剂1 500倍液喷雾，间隔期60天。

5. 红蜘蛛

（1）危害特点。幼虫和成虫在寄主的叶背面吸取汁液，受害叶初现灰白色，严重时变褐色，叶片脱落、植株早衰、果实发育慢、结果期缩短，影响产量。

红蜘蛛危害状

（2）防治方法。①在越冬卵孵化前刮树皮并集中烧毁，早春进行翻地，清除地面杂草。②通过物理措施，阻止枣红蜘蛛向树上转移危害。③保护和增加中华草蛉、食螨瓢虫和捕食螨类等天敌数量。④药剂防治。应用34％螺螨酯悬浮剂4 000～5 000倍液（每瓶100毫升对水400～500千克）均匀喷雾，40％三氯杀螨醇乳油1 000～1 500倍液、20％四螨嗪可湿性粉剂2 000倍液等均可达到理想的防治效果。

6. 地老虎

（1）危害特点。幼虫将幼苗近地面的基部咬断，使整株死亡，造成缺株。

地老虎

地老虎危害状

（2）防治方法。①可用黑光灯、糖醋液诱杀成虫，堆草诱杀幼虫。②药剂防治。可用20％氰戊·马拉松乳油淋根防治。

7. 烟青虫

（1）危害特点。以幼虫蛀食花、果危害，为蛀果类害虫。危害辣椒时，整个幼虫钻入果内，啃食果皮、胎座，并在果内缀丝，排留大量粪便，使果实不能食用。

　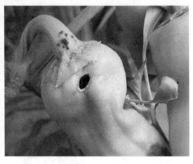

烟青虫　　　　　　　　　　烟青虫危害状

（2）防治方法。①翻耕、整枝、摘除虫果；早、中、晚熟品种搭配种植；田内种植玉米诱集带，诱蛾产卵。②每50亩设1盏黑光灯，诱杀成虫。③药剂防治。注意对幼虫的防治务必掌握在三龄期前，施药以上午为宜，重点喷洒植株上部。可选用苏云金芽孢杆菌制剂或棉铃虫多角形病毒连续防治2次，也可用2.5％高效氟氯氰菊酯乳油2 000～4 000倍液，20％氯氰乳油2 000～4 000倍液，20％氰戊菊酯乳油2 000～4 000倍液，2.5％联苯菊酯乳油2 000～4 000倍液。

第四章　黄瓜实用栽培技术

黄瓜，又名胡瓜、青瓜，葫芦科黄瓜属植物，因果实老熟后呈现黄色而得名。

一、生物学特性

（一）生长发育周期

1. 发芽期　从种子萌动到第一片真叶出现，需 5～10 天。

2. 幼苗期　从子叶出现到定植，植株具 4～5 片叶，需 30～45 天。

3. 抽蔓期　从幼苗定植到第一个瓜坐果，该期结束时茎高 30～40 厘米，真叶展开 7～8 片，需 10～20 天。此期以营养生长为主，但开始向生殖生长转化。

4. 结果期　从坐果到拉秧结束，露地黄瓜结果期约 40 天，日光温室冬春茬黄瓜结果期 120～150 天。

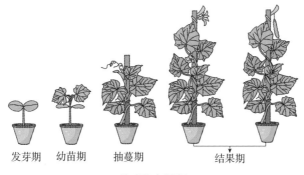

发芽期　　幼苗期　　抽蔓期　　　　　结果期

黄瓜发育周期

（二）对环境条件的要求

1. 光照 黄瓜在瓜类蔬菜中较耐弱光，所以只要满足了温度条件，冬季仍可进行栽培。不过冬季日照短，光照弱，黄瓜生长缓慢，产量低。夏季光照强，也不利于高产。夏季设置遮阳网，冬春季覆盖无滴膜和张挂反光幕，都是为了调节光照，促进生长发育。

2. 温度 黄瓜是典型的喜温植物，最适发芽温度 28～32℃，35℃以上发芽率显著降低。生育适温 10～32℃，在－2～0℃会被冻死。

3. 湿度 黄瓜根系浅，叶面积大，对空气湿度和土壤湿度要求比较严格。全生育期适宜土壤湿度 60%～90%，苗期60%～70%，成株 80%～90%。适宜空气相对湿度60%～90%。

黄瓜主要品种

4. 土壤 富含有机质的肥沃土壤最佳，这种土壤能平衡黄瓜根系喜湿而不耐涝、喜肥而不耐肥等矛盾。黄瓜喜欢中性偏酸性的土壤，适宜 pH5.5～7.2，以 pH6.5 最佳。

二、育苗技术

（一）种子处理

黄瓜每亩用种量约 150 克。用 55℃温水浸种 20～30 分钟后，再用 0.1%多菌灵溶液或 0.1%高锰酸钾溶液浸泡 15～20 分钟，最后放置在 25～28℃环境中保温催芽，一般 48 小时就可发芽。

云南黄瓜栽培季节及地区

栽培方式	播种期	收获时间	适宜地区
冬黄瓜（露地）	9—11 月上中旬	12 月—翌年 2 月	南部河谷地区
冬黄瓜（设施）	8—9 月	11 月—翌年 2 月	滇中地区

（续）

栽培方式	播种期	收获时间	适宜地区
春黄瓜（露地）	12月下旬—翌年2月上旬	3—6月	南部暖热区
秋黄瓜	6—7月	9—11月	中南部地区

1. 黄瓜每亩用种量约150克。

2. 用55℃温水浸种20~30分钟。

3. 再用0.1%多菌灵溶液或0.1%高锰酸钾溶液浸泡15~20分钟。

4. 放置在25~28℃环境中保温催芽，一般48小时即可发芽。

黄瓜种子处理

（二）常规育苗

1. 配制营养土　播种前1个月，用腐殖土4份、腐熟农家肥3份、肥沃园土2份、草木灰1份混合成营养土，再拌上适量多菌灵，每立方米营养土用40～60克药，浇上适量水，用地膜覆盖堆闷15～20天。

2. 营养块育苗　先做出宽1米、长5米的苗床，铺上地膜，放上4～5厘米厚的营养土，浇适量水，待水吸足抹平，用刀划成10厘米长的方块。每块播1～2粒种子，再盖上1层营养土，喷淋1遍多菌灵加阿维菌素溶液以防病防虫，后加盖小拱棚，一般 4～5 天喷 1 次水，保证湿度。

3. 培育健苗　种子出土后，晴天中午从侧面或两头通风降温，防止烧苗；湿度大时可用草木灰吸湿，防止立枯病、猝倒病等。出苗后，及时揭去拱膜两侧，可用 0.2％尿素加磷酸二氢钾进行喷雾。

4. 适时定植　4～5 片真叶，苗龄 35～40 天时定植，定植前 1 周喷 1 次噁霜灵和新植霉素，预防病菌传播到大田；定植前 1 天浇适量水，保持营养土块不散，第 2 天再移栽到大棚，每穴定植 1 株。

（三）穴盘基质育苗

穴盘一般采用 70～100 孔的漂浮盘或塑料盘。育苗基质可用草炭：腐熟农家肥：细土＝5：2：3 的体积比，加少量复合肥和过磷酸钙，浇适量的水混拌。要求手抓起可以捏成团，松手后落地就会散的程度。将拌好的基质装入穴盘中，将催过芽的种子播入穴盘，每穴播种 1 粒。播种后的育苗盘放入消过毒的育苗池中进行漂浮或湿润育苗管理。在整个育苗期间要做好白粉虱、蓟马等传毒害虫的防治，以预防早期病毒病。

嫁接技术及
管理措施

（四）嫁接育苗

嫁接育苗是黄瓜高产栽培的主要措施之一。现在市场上可以直接买到用于定植的嫁接苗，高效、方便，但要注意购买正规厂家的嫁接苗。

（五）壮苗标准

1. 自根育苗　要求苗高 10 厘米左右，有 4～5 片叶，叶片肥厚大小适中，叶色呈浓绿色，节间短，根部主根粗壮、根毛多，无病虫害。

2. 嫁接育苗　苗龄 30～35 天，株高 10～14 厘米，砧木下胚轴长 4～6 厘米，有三叶一心，嫁接处伤口愈合良好，根系粗壮发达，无病虫害。

我是黄瓜壮苗，身高10厘米！

黄瓜壮苗标准

三、定植与田间管理

（一）整地施肥

许多病原菌存在于土壤中，可用 25％甲霜灵·锰锌可湿性粉剂 750 倍液喷淋地面，后密闭棚室，以防治根部、茎基部和维管束病害。黄瓜属于浅根系作物，喜肥不耐肥，吸肥能力弱，土壤深翻时每亩施入腐熟农家肥 3 000 千克、普钙 50 千克、硫酸钾 20～25 千克作底肥。还可以每亩加入生石灰 80～100 千克，调节土壤酸碱度。土壤深翻后密闭棚室，利用太阳热量对土壤高温消毒 7 天。最后，每公顷棚室用硫黄 30～45 千克拌锯末分堆点燃，密闭熏蒸 24 小时，放风至无味后再将黄瓜移栽到大棚。

整地施肥

（二）做畦定植

开沟做畦，沟宽 30 厘米，畦宽 80 厘米，双行栽培，株行距 55 厘米，每亩种植 4 000 株左右。根据畦面，铺设简易滴灌系统。滴灌设备价格低廉，而且可以节省浇水和施肥的人工成本，省时省力。

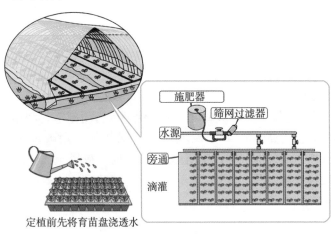

定植前先将育苗盘浇透水

滴灌浇水

定植前先将育苗盘浇透水。定植时严格选用优质壮苗，分级移栽，以便后期管理。定植后浇足定根水。

（三）田间管理

1. 温度管理　定植后 5～7 天关闭大棚，保温保湿，促进缓苗，棚内温度不高于 35℃，最低温度在 12℃以上。若气温过低，可在定植初期加盖小拱棚。缓苗后，棚内仍需维持较高

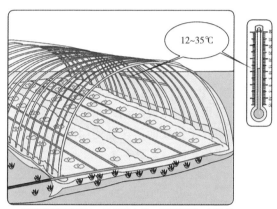

12~35℃

温度管理定植后5~7天关闭大棚，保温保湿，促进缓苗，棚内温度不高于35℃，最低温度在12℃以上

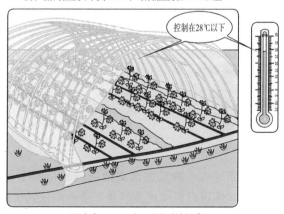

控制在28℃以下

温度高于28℃时，要及时放风降温

温度管理

温度，白天 24～28℃，夜间 15℃左右，最低不低于 10℃。随着气温的升高和植株生长，要注意通风，温度高于 28℃时，要及时放风降温，把温度控制在 28℃以下。

2. 肥水管理　缓苗后浇 1 次缓苗水，并结合浇水施提苗肥，每亩施稀粪水 300～400 千克、尿素 5～8 千克。此后中耕除草，到根瓜坐稳后，结合浇水，追施催瓜肥，每亩施复合肥 10～15 千克、尿素 5 千克。以后每隔 10～15 天追肥 1 次，以氮肥为主，每亩追施尿素 8 千克。视土壤湿度见干就浇水。黄瓜采收后期，根系吸肥能力相对减弱，需进行叶面追肥，用 0.5％尿素或 0.2％磷酸二氢钾每隔 7～10 天追施 1 次。

3. 防冻措施　早春若出现连续数天低温，黄瓜生长缓慢甚至停止生长。可用白糖（或红糖）：米醋：水＝1：1：200 拌匀后，均匀喷洒叶子正反面，连续使用 2～3 次，不但能抵抗低温，而且叶子生长旺盛，具有杀菌壮叶之功效。

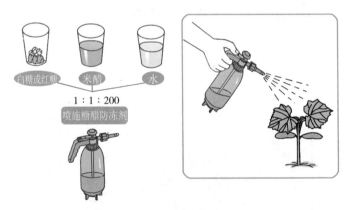

防冻措施

4. 增施二氧化碳　黄瓜结果期增施二氧化碳不仅可以增产 20％～25％，还可以提高黄瓜品质，增强植株的抗病性。

5. 植株调整　植株 6 片叶左右时，不能直立生长，可借助吊绳辅助生长。缠绕工作应经常进行，使茎蔓不下垂。为了受光均匀，缠蔓时应使植株顶端处在南低北高的一条斜线上。

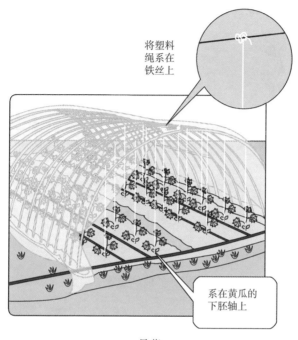

将塑料绳系在铁丝上

系在黄瓜的下胚轴上

吊蔓

在缠蔓时应摘除卷须、雄花及砧木的萌蘖，同时，及时摘除侧枝、老叶，以减少养分消耗。整枝应在上午进行，引蔓宜在下午进行。

冬春茬黄瓜生长期长达 8～10 个月，茎蔓不断生长可达 7 米以上，在生长过程中需要进行多次落蔓。落蔓前应摘除植株下部的老叶和病叶。落蔓时将功能叶保持在日光温室的最佳空间位置，以利光合作用。落蔓一般按顺时针或逆时针一个方向将蔓盘绕在根部，增加空间和透光，便于管理。

6. 采收 正季栽培的黄瓜，从播种至采收一般需 50～60 天。黄瓜必须适时采收，采摘太早，果实保水能力弱，货架寿命短；采摘太迟，则果实老化，品质差。一般根瓜应及时采收，结瓜初期 2～3 天采收 1 次，结瓜盛期 1～2 天采收 1 次。

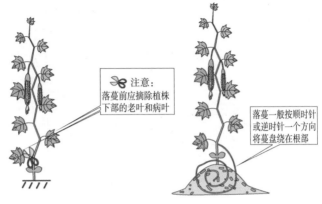

注意：
落蔓前应摘除植株下部的老叶和病叶

落蔓一般按顺时针或逆时针一个方向将蔓盘绕在根部

落蔓和盘蔓

四、病虫害防治

黄瓜各生育期可能发生多种病虫害。

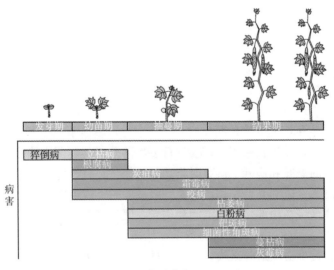

黄瓜病害

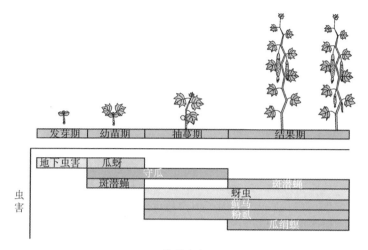

	发芽期	幼苗期	抽蔓期	结果期

	地下虫害	瓜蚜		
		守瓜		
虫害		斑潜蝇		斑潜蝇
			蚜虫	
			蓟马	
			粉虱	
			瓜绢螟	

黄瓜虫害

（一）黄瓜猝倒病

1. 危害特点　出苗不久即发病，下胚轴基部或中部呈水渍状，后变黄褐色，缢缩成线状，子叶未及萎蔫，幼苗即倒折。

2. 传播途径　猝倒病和疫病为土传病害，以菌丝体、卵孢子及厚垣孢子随病残体在土壤中存活，借风、雨、灌溉水传

猝倒病危害黄瓜病状

播蔓延。在雨雪连阴天或寒流侵袭、地温低、光合作用弱时，苗期易感病。

3. 防治方法（立枯病和疫病也适用）　此病以预防为主，需严格按照前述育苗方法管理苗床。出苗后尽量不浇水，不宜大水漫灌。育苗床或畦及时放风、降湿，即使阴天也要适时放风排湿，严防瓜苗徒长染病。也可在出苗前后喷施氟吗啉药液于苗床表面。

（二）黄瓜白粉病

1. 危害特点　发病部位主要是叶片，其次是叶柄和茎。发病初期在叶正面或背面产生白色近圆形粉斑，环境适宜时病斑迅速扩大，连接成片，叶上布满白粉状霉，发病后期有时叶片上产生黑褐色小点。叶柄和嫩茎上的症状与叶片相似，但白粉少。病害一般由下向上逐渐发展，严重时白粉变为灰白色，叶片枯萎卷缩，但一般不脱落。

2. 发生规律　白粉病多发生于生长中后期，发病越早损失越大。主要危害叶片，田间温度较大，气温 $16\sim24℃$ 时极易流行。植株徒长、枝叶过密、通风不良、光照不足，病情发生较严重。

3. 防治方法　选择抗病品种，如津杂 1 号、津杂 2 号等；白粉病发生后可用 15% 三唑酮可湿性粉剂1 500倍液或 40% 粉唑·嘧菌酯悬浮剂1 500倍液喷雾防治。

黄瓜白粉病早期（左）及晚期症状（右）

（三）黄瓜霜霉病

1. 危害特点　黄瓜霜霉病是一种真菌性病害，俗称"黑毛""火龙""跑马干"。主要侵害功能叶片，幼嫩叶片和老叶受害少。该病侵入由下向上逐渐扩展。受叶脉限制，叶片出现多角形淡褐色、黄褐色斑块。温度高时，叶背面长出灰黑色霉层。

2. 发生规律　此病多在地势低洼、通风不良、浇水过多的地方发生。

3. 防治方法　一是选择抗病品种，津杂系列品种发病较轻。二是培育壮苗，采用营养钵育苗，苗床地增施有机肥，防止幼苗徒长和老化，提高抗病能力。三是选择地势较高，排水良好的地块栽培。四是深翻土壤，施足底肥，增施磷钾肥，提高植株抗病能力。五是霜霉病一旦发生，应用药剂进行防治。药剂以水剂为主，叶子正背面均匀喷洒，重点是病叶的叶背霉层。常用药剂有64%噁霜灵可湿性粉剂400倍液、50%多菌灵可湿性粉剂800倍液、72%霜霉威盐酸盐水剂800倍液等。

黄瓜霜霉病早期（左）及晚期症状（右）

（四）黄瓜枯萎病

1. 危害特点　多在开花结果后发病，被害株最初表现为部分叶片或植株的一侧叶片中午萎蔫下垂，似缺水状，早晚可以恢复，以后萎蔫叶片不断增多，逐渐遍及全株，早晚不能复

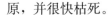

原，并很快枯死。

2. 发病规律　真菌性病害，病菌以菌丝体、菌核和厚垣孢子在土壤、病残体和种子上越冬，在土壤中可存活 5～6 年，随种子、土壤、肥料、灌溉水、昆虫、农具等传播，通过根部伤口侵入。重茬次数越多病害越重。土壤高湿、根部积水和高温有利于病害发生，氮肥过多、酸性土壤、地下害虫和根结线虫多的地块病害发生重。

3. 防治方法

（1）农艺措施

①轮作换茬。与其他作物（非瓜类）进行 3～4 年以上轮作，水旱轮作对控制枯萎病菌最有效。

②严格选择营养土，不用菜园土、瓜田土和庭园土育苗。

③选择抗病性好、产量高和品质优的优良品种。

④合理施肥。减少氮肥用量，增施磷钾肥，特别是钾肥，忌施硫酸铵及氯化钾等含氯离子的肥料。基肥以有机肥为主，禁用病残体沤制的未腐熟肥料。

⑤加强田间管理。深沟高畦栽培，棚膜两边与田畦接口处低于棚内畦面，培土不可埋过嫁接切口。棚内外沟系要畅通，雨后及时排水；浇水在晴天上午进行，切忌大水漫灌，严格控制棚内温湿度。及时清除田间杂草，发现病株要及时拔除并带出田外处理。

⑥嫁接防病。有条件的地区和农户可用葫芦作砧木，进行嫁接。据试验，嫁接可减少 56.2％ 的发病率，控制效果可达 90％ 以上。

（2）药剂防治

①种子处理。用 50％ 多菌灵可湿性粉剂 500 倍液浸种 20 分钟。

②床土消毒。40％ 五氯硝基苯粉剂 9 克，与细土 4～5 千克拌匀。施药前先把苗床底水打好，且一次浇透，水渗下后，

将 1/3 药土撒在畦面上；播种后，再把其余 2/3 药土覆盖在种子上面。

③用氢氧化铜在发病初期进行淋根，防治效果较好。

④发病初期用 99%噁霉灵可溶粉剂 4 000～5 000 倍液，或 50%锰锌·氟吗啉 400～600 倍液，或 50%多·福可湿性粉剂 800～1 200 倍液，或 75%百菌清可湿性粉剂 600～800 倍液灌根，每株灌药液 0.25 千克。用吡唑醚菌酯＋磷酸二氢钾配合叶面喷雾。

黄瓜枯萎病田间爆发症状

黄瓜枯萎病危害叶部症状

黄瓜枯萎病危害根部症状

（五）黄瓜虫害

黄瓜的虫害主要有蚜虫、蓟马、白粉虱、美洲斑潜蝇和螨类，可以选用吡虫清、吡虫啉、乙基多杀菌素、阿维菌素和灭蝇胺等药剂进行防治。

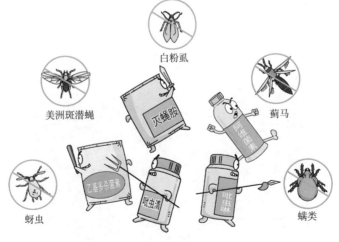

虫害防治药剂

第五章 苦瓜实用栽培技术

苦瓜又名癞葡萄、凉瓜、锦荔枝，是葫芦科苦瓜属作物，因果实甘苦而得名。

一、生物学特性

（一）生长发育周期

1. **发芽期** 从种子萌动到第一片真叶出现，需 5～10 天。

2. **幼苗期** 从第一对真叶长出至第五片真叶展开，并开始抽出卷须，需 7～10 天，这时腋芽开始活动。

3. **抽蔓期** 从幼苗定植到植株现蕾。苦瓜只有很短的抽蔓期，如环境条件适宜，在幼苗期结束前后即开始现蕾。

4. **开花结果期** 植株现蕾至生长结束，一般需 50～70

苦瓜的生长发育周期

天。其中现蕾至初花需 15 天左右，初收至末收需 25～45 天。

（二）对环境条件的要求

1. 光照　苦瓜属短日性植物，喜光不耐阴，对光照长短的要求不太严格。光照充足则有机物积累得多，坐果良好，产量和品质高。

2. 温度　苦瓜喜温，较耐热，不耐寒。种子发芽适温30～35℃。在 40～45℃温水中浸种 4～6 小时后，在 30℃左右条件下催芽，60 小时内便可大部分发芽。在 25℃左右，约 15天可育成具有 4～5 片真叶的幼苗，如在 15℃左右则需要 20～30 天。

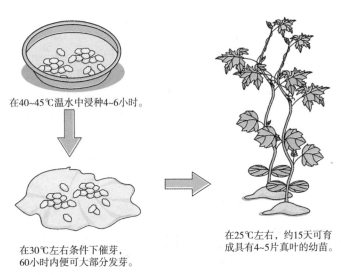

在40~45℃温水中浸种4~6小时。

在30℃左右条件下催芽，
60小时内便可大部分发芽。

在25℃左右，约15天可育
成具有4~5片真叶的幼苗。

苦瓜对温度的需求

3. 水分　苦瓜喜湿但很怕雨涝。在生长期间要求有70％～80％的空气相对湿度和土壤相对湿度。所以栽培上既要加强水分管理，又要及时排水。

4. 土壤　苦瓜根系较发达，侧根多，且根群较广，耐肥不耐瘠，喜湿忌渍水。因此，应选择近水源、土层深厚、疏松，排水良好的地块，尤其在结果盛期及时追肥。

在结果盛期要加强追肥灌水，要求追施充足的氮磷肥。

追肥

云南常见苦瓜品种

二、栽培技术

（一）种子处理

将水温调至 50～60℃，把种子慢慢倒入水中，边倒边搅拌，使种子受热均匀，直至水温降至 30℃ 左右时，停止搅拌，继续浸泡 7～8 小时，然后用 10％ 磷酸三钠溶液浸泡 20 分钟（防病毒病）或用 50％ 多菌灵 500 倍液浸泡 60 分钟（防真菌性病害），然后用清水冲洗干净，即可催芽或直播。如果需要催芽，可以用纱布或毛巾包好种子，保持温度 30～35℃。催芽期间，每天用 30～35℃温水清洗 1 次。3～4 天后，大部分种子萌发露白时便可播种。

水温调至50~60℃，搅拌至水温降至30℃左右时，停止搅拌　　继续浸泡7~8小时　　用10%磷酸三钠深液浸泡20分钟或用50%多菌灵500倍液浸泡60分钟，然后用清水冲洗干净

种子处理

（二）营养钵育苗

先将装好营养土的营养钵排放在苗床上，浇足底水，待水渗下后，撒上一薄层（0.5～1 厘米）干营养土，然后将萌发的种子播入钵内。每钵播 1 粒，播后覆盖营养土 2 厘米，最后用塑料薄膜盖严，使床温维持在 25～30℃。出苗后略通风降

将装好营养土的营养钵浇足底水，待水渗下后，撒上0.5~1厘米的干营养土　　将萌发的种子播入钵内。每钵播1粒　　播后覆盖营养土2厘米，然后插好拱架

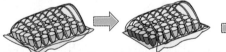

用塑料薄膜盖严，使床温维持在25~30℃　　出苗后略通风降温，保持在20~25℃。晴天气温20℃以上时，可揭开薄膜，夜间再盖上　　定植前3天，揭开薄膜炼苗，提高幼苗耐寒能力。育苗期间若营养土干燥，应在晴天中午适当浇水

苦瓜营养钵育苗

温，保持在 20～25℃。晴天气温 20℃以上时，可揭开薄膜，夜间再盖上。定植前 3 天，揭开薄膜炼苗，提高幼苗耐寒能力。育苗期间若营养土干燥，应在晴天中午适当浇水。

（三）地块准备

种植前，土地要犁翻晒白、沤熟、耙碎，使之达到深、松、肥、碎、平。种植时，先按种植规格开沟，在沟中挖穴。每亩用过磷酸钙 100 千克，腐熟的优质土杂肥或牛栏肥1 000～3 000 千克，复合肥 7～8 千克，硼砂 1.5 千克，混合翻匀。然后把种子点播于穴中，每穴种子不能直接接触肥料，随后淋足水分。

（四）播种时间

苦瓜秋植期一般为 7—8 月，此期气候适宜，易管理，采收时间长，产量高。苦瓜冬植期为 11—12 月，冬季气温低，种植时宜采用薄膜覆盖，使用膜下水肥一体化灌溉技术。

（五）合理定植

苦瓜生势较旺，侧枝较多，生育期较长，必须有一个良好的群体结构，因此，种植密度要合理。一般每畦栽 2 行，株距为 33～50 厘米，每亩可保苗1 600～2 400株。定植时要注意挑选壮苗，淘汰弱苗、徒长苗、无生长点苗、虫咬苗、子叶歪缺苗、散坨伤根苗。栽苗时选择晴天上午，脱下营养钵，按规定好的株距开定植穴，摆苗，然后埋土稳坨，浇定植水。定植水渗下后及时封坨。栽苗深度以苗坨上表面低于畦面 1 厘米为宜。

一般每畦栽2行，株距为33~50厘米，每亩可保苗1 600~2 400棵

苦瓜合理密植

（六）水肥管理

苗期应根据苗情及天气灵活施肥。五叶前淋施稀粪水或高浓度瓜类配方肥水 1～2 次。开花结瓜前：施 15～20 千克过磷酸钙 1 次；尿素 12～18 千克、氯化钾 8～10 千克，每 7～10 天施 1 次，施用 2～3 次。开花结瓜后：施尿素 20～35 千克、氯化钾 15～20 千克，每 7～10 天施 1 次，施用 4～6 次；喷施微量元素叶面肥 3～4 次。

苦瓜喜湿润，忌积水，可根据土壤干湿情况浇水。一般晴天阳光猛烈，水分蒸发量大，需及时灌水。若遇暴雨，应及时排水，以免田间积水而造成烂根发病。

苦瓜水肥管理

（七）搭棚引蔓

当幼苗长至 5～6 片真叶时，应及时插竹搭棚。一般搭"Ⅱ"形棚架，让枝蔓均匀分布于棚架上。当瓜苗长至 50～60 厘米时，即可引蔓上棚。一般引主蔓沿支架（绳）直上，侧蔓向支架左右方向横引，引蔓时间以晴天下午为好。苦瓜分枝性特强，侧蔓多，且有些侧蔓不结瓜。引蔓上棚后，应将主蔓基部距离地面 50 厘米以下的侧蔓及上部不着生雌花的短、弱、过密的、衰老的、有病的枝叶及时摘除，既能保证通风透光，又能减少养分消耗，利于开花结瓜。

苦瓜搭棚引蔓

（八）适时采收

苦瓜采收标准不太严格，嫩瓜、成熟瓜均可食用。为了保证品质和增加结果数，多采收中等成熟的果实。苦瓜的采收期

苦瓜适时采收

因地区、品种、栽培季节而不同，一般开花后 12～15 天为适宜采收期。果实的采收应掌握如下标准：青皮苦瓜果皮上的条纹和瘤状粒已迅速膨大并明显突起，显得饱满有光泽，顶部的花冠变枯、脱落；白皮苦瓜除上述特征外，其果实的前半部分明显由绿色转为白绿色，表面光亮。

三、主要病虫害防治

(一)苦瓜猝倒病
防治方法同黄瓜猝倒病。

(二)苦瓜炭疽病
1. 危害特点　瓜条、叶片及茎蔓均可发病。瓜条上病斑圆形或不规则形，初时淡黄褐色，后期变红褐色至淡褐色，稍凹陷。叶片病斑圆形或不规则形，灰褐色至棕褐色，略湿腐。茎蔓上病斑长圆形，褐色、凹陷，有时龟裂。

2. 防治措施　①选用抗病品种，并进行种子消毒。②重病地与非瓜类蔬菜轮作。③避免偏施、过施氮肥，增施磷、钾肥和中微量元素肥，同时适当控制灌水，雨后要排除积水。④及时摘除病叶、病枝和病瓜，并要保持田间通风透光良好。⑤药剂防治。发病前用 25%咪鲜胺1 500倍液喷雾；发病时用 10%苯醚甲环唑1 500倍液或 32.5%苯甲·嘧菌酯喷施。

炭疽病危害苦瓜叶片（左）和果实（右）的症状

（三）苦瓜疫病

1. 危害特点　蔓基部和嫩蔓节部发病较多，初呈暗绿色，水渍状，后变淡褐色，缢缩变细。病部以上叶片萎蔫枯死，叶片色泽仍保持绿色。叶片发病多从叶缘或叶尖开始，病斑暗绿色圆形或不规则形，水渍状，边缘不明显，有隐约轮纹。潮湿时，病斑扩展很快；干燥时病斑停止发展，边缘褐色，中部青白色，干枯易破裂。果实发病首先出现暗绿色近圆形水渍状病斑，无明显边缘，很快扩展至整个果面，导致果实皱缩，软腐，表面生灰白色稀疏霉状物。

2. 防治方法　①高畦深沟，雨后及时排除渍水。深翻土地，增施有机肥，改良土壤理化结构，提高植株抗病力。②58%甲霜·锰锌可湿性粉剂600～800倍液，或72%霜脲·锰锌可湿性粉剂600～800倍液，或50%烯酰吗啉可湿性粉剂1 000倍液，或60%唑醚·代森联600～1 000倍液，连用2～3次。

疫病危害苦瓜叶片（左）和果实（右）的症状

（四）苦瓜褐斑病

1. 危害特点　主要危害叶片。发病初期在叶片上产生褐色圆形小斑点，后逐渐扩展为近圆形或不规则形黄褐色病斑，周围常有褪绿晕圈。环境条件适宜时，病斑迅速扩大连接成片，最终整叶干枯。

2. 防治措施　①选择地势较高、排水良好的地块种植。②及时搭棚、整枝和摘叶，改善田间通风透光条件。③基肥以有机肥为主，追肥要氮、磷、钾结合，并喷施瓜菜用叶面肥。④适时灌水，雨后及时排除田间积水。⑤重病地要实行轮作。⑥发病前用25％咪鲜胺1 500倍液喷施预防；发病时用10％苯醚甲环唑1 500倍液，或32.5％苯甲·嘧菌酯喷施。

（五）苦瓜白粉病

1. 危害特点　叶、叶柄和茎均可发病。叶片发病，叶正面、背面初期产生白色小粉点，扩展后为圆形、近圆形稀疏白色粉斑，随病情发展粉斑连片，叶面布满薄层白粉。病重时，叶片逐渐变黄，最后干枯，整株生长及结瓜受阻，生育期缩短。

2. 防治措施　①选用抗（耐）病品种。②合理密植，及时搭棚、整蔓和摘叶，增强通风透光。③采用配方施肥，增施

白粉病危害苦瓜叶片的症状

（喷施）中微量元素肥。④适度灌水，不使土壤过湿。⑤发病前用32.5％苯甲·嘧菌酯或百菌清喷施预防；发病后用10％苯醚甲环唑1 500倍液，或80％硫黄干悬浮剂600倍液，或25％三唑酮可湿性粉剂1 000倍液交替喷施。

（六）苦瓜病毒病

1. 危害特点　病株叶片呈现黄绿相间的花叶，植株矮小，尤以顶部幼嫩茎叶症状明显。新叶不舒展，叶面皱缩，产生黄绿斑驳（俗称"鸽子藤"），后期黄斑变坏死斑。早期发病，瓜苗生长不良，节间短缩，从下部叶片往上黄枯。

2. 防治措施　①选用抗（耐）病品种。②进行种子消毒。③实行轮作（有条件的最好实行水旱轮作）。④生长期定期叶面喷施瓜菜用叶面肥，促进生长及壮苗抗病。⑤及时防治蚜虫、蓟马和白粉虱，防止传染。⑥发现病株及时拔除、烧毁，并喷施2％氨基寡糖素水剂700倍液预防。⑦发病初期可用2％宁南霉素水剂300倍液或吗胍·乙酸铜1 500～2 000倍液喷施。

病毒病危害苦瓜叶片的症状

（七）苦瓜枯萎病

1. 危害特点　幼苗发病，茎基部变褐色缢缩，叶片萎蔫下垂，严重时猝倒死亡。成株发病，病株生长缓慢，中午萎蔫，早晚恢复，持续几天后，全株萎蔫枯死。病株茎基部表皮粗糙且多纵裂，有水渍状腐烂或呈褐色，潮湿时长有粉红色霉状物，切开根茎部可见维管束组织变黄褐色。

2. 防治方法　①选用抗枯萎病的品种，避免与瓜类蔬菜连作，及时拔除病株。②易发病区可用下列药剂灌根：70％甲基硫菌灵可湿性粉剂 600 倍液＋60％琥铜•乙膦铝可湿性粉剂 500 倍液，或 30％噁霉灵水剂 2 000 倍液，或 2％甲霜•噁霉灵水剂 300～400 倍液。每株灌 200 毫升，视病情隔 7～10 天灌 1 次。

苦瓜枯萎病危害叶片的症状

（八）瓜蚜、蓟马、白粉虱

1. 危害特点　成虫和若虫栖息在嫩茎、嫩梢、叶背吸取液汁，受害叶片褪色、变黄、卷缩，植株生长受抑，并传播病毒病。

2. 防治方法 用噻虫嗪，或阿维·吡虫啉，或阿维·啶虫脒1 000倍液喷杀。

（九）瓜实蝇

1. 危害特点 瓜实蝇俗称"蜂仔"，成虫以产卵管刺入幼瓜表皮内产卵。幼虫孵化后即钻进瓜内取食。受害瓜先局部变黄，而后全瓜腐烂变臭，大量落瓜。即使瓜无腐烂，刺伤处凝结流胶，畸形下陷，果皮硬实，瓜味苦涩，品质下降。该虫在我国是危害瓜果的重要害虫。

2. 防治方法：①食物诱杀。在瓜果开花、初始结瓜时，每亩放置"针蜂1号"诱捕器12～15个，外围密度大些。还可以用红糖、醋、香蕉皮、万灵粉，按2：1：10：1的配比做成毒饵诱杀。②用4.5％氯氰菊酯1 000倍液喷杀。因成虫危害期长，需3～5天喷1次，连续2～3次。

（十）根结线虫

1. 危害特点 根结线虫俗称"根瘤菌"，危害根系后形成瘤或根肿，影响肥水吸收，植株生长黄弱。

2. 防治方法 种植时每亩用1％阿维菌素颗粒剂2千克施于植沟中。植株根系被害时，用阿维菌素＋0.5％氨基寡糖素水剂灌根。

第六章　西葫芦实用栽培技术

西葫芦又名笋瓜、小瓜、菜瓜，是葫芦科南瓜属作物。

一、生物学特性

（一）生长发育周期

1. 发芽期　从种子萌动到第一片真叶出现，需 5～7 天。

2. 幼苗期　从第一片真叶显露到 4～5 片真叶长出，约 25 天。

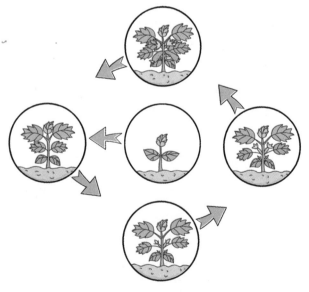

西葫芦发育周期

3. 初花期　从幼苗定植到第一个瓜坐住，需 20～25 天。缓苗后，长蔓型西葫芦品种的茎伸长加速，短蔓型西葫芦品种的茎间伸长不明显，但叶片数和叶面积发育加快。花芽继续形成，花数不断增加。

4. 结果期　从根瓜坐住到拉秧结束，结果期的长短与品种、栽培环境、管理水平及采收次数等密切相关，一般 40～60 天。

（二）对环境条件的要求

1. 光照　西葫芦属短日照作物，幼苗时期的温度高低和日照长短对雌花出现早晚及雌花数量有很大影响。在早春栽培中可早育苗，促早瓜。在高温、高湿、光照不足的条件下，常引起西葫芦徒长，植株衰弱，节间拉长，叶片薄，易感病，影响坐瓜。

2. 温度　西葫芦喜温，但对温度有较强的适应能力。种

西葫芦对温度的要求

子发芽适温 25～30℃；生长发育适温 18～25℃；开花结果期对温度要求较高，以 22～25℃为宜。

3. 水分　西葫芦原产于热带干旱地区，具有发达的根系，抗旱能力很强，但由于其叶片大，蒸腾强，生育期应保持土壤湿润。开花期要降低空气湿度，防止授粉不良造成落花、落果。结果期果实生长旺盛，需水较多，应适当多浇水。适宜的土壤含水量为 50%～60%，若土壤水分含量过高，易引起徒长。

4. 土壤　西葫芦对土壤条件要求不严格，沙壤土和黏壤土均能正常生长，但在肥沃的中性或微酸性（pH5.5～6.8）沙质土壤生长最佳。

5. 养分　西葫芦对土壤养分的需求量大，由于结瓜集中，生长前期应着重施氮素肥料，以促进植株的生长。西葫芦对厩肥和堆肥的反应良好，生产上应多施有机肥作基肥。

二、栽培技术

（一）栽培季节

云南西葫芦栽培季节及种植方式

种植方式	播种期	收获期	种植地区
露地早熟栽培	12 月—翌年 1 月	2 月下旬—3 月	云南暖热区
设施栽培	12 月上旬	2 月下旬—4 月	滇中地区

（二）营养土配制

西葫芦宜采用营养钵育苗。营养土可用疏松肥沃无病虫害的田园土、腐熟有机肥按 3∶1 的比例混合，并加入 2% 的三元复合肥。混合后最好过一遍筛，保证营养土粗细均匀适当。将配好的营养土装入准备好的营养钵内，并摆放整齐。

（三）种子处理

先将西葫芦种子放在太阳下晒 1～2 小时，后放至 55℃温水中浸种，不断搅拌至水温 30℃为止，然后再浸 4～5 小时，取出沥干水分，用湿毛巾包好，外面再包层塑料薄膜保湿，放入 28～30℃的恒温环境中进行催芽。一般 30 小时左右即可露白，种子露白后即可播种。

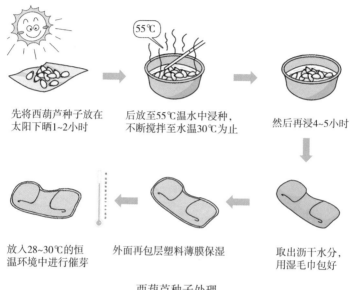

先将西葫芦种子放在太阳下晒 1～2 小时

后放至 55℃温水中浸种，不断搅拌至水温 30℃为止

然后再浸 4～5 小时

取出沥干水分，用湿毛巾包好

外面再包层塑料薄膜保湿

放入 28～30℃的恒温环境中进行催芽

西葫芦种子处理

（四）播种

播种前先用 70％甲基硫菌灵 1 000 倍液，将营养钵浇透（营养钵必须淋透，以利于瓜苗扎根及防止定植时出现断节脱落现象），水渗下后播种。一般每个营养钵播 1 粒种子。播种结束后，用准备好的干细土覆盖种子，厚度为 1.5～2.0 厘米。然后插好拱架，覆盖薄膜，将四周压实，以利于保温保湿及防鼠。若天气适宜，播种后 2～3 天即可出苗整齐。此时，保持白天 25℃、晚间 15℃，有利于瓜苗生长和培育壮苗。出苗后揭开薄膜两头，保持空气流通，降低床内湿度，防止幼苗徒长。瓜苗长至两叶一心时，即可定植。定植前 7 天，应将薄膜全部揭开，夜间也不再覆盖，进行炼苗。

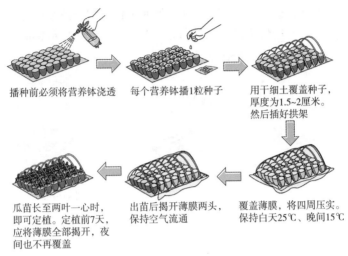

播种前必须将营养钵浇透　　每个营养钵播1粒种子　　用干细土覆盖种子，
　　　　　　　　　　　　　　　　　　　　　　　　　厚度为1.5~2厘米。
　　　　　　　　　　　　　　　　　　　　　　　　　然后插好拱架

瓜苗长至两叶一心时，　　　出苗后揭开薄膜两头，　　覆盖薄膜，将四周压实。
即可定植。定植前7天，　　　保持空气流通　　　　　　保持白天25℃、晚间15℃
应将薄膜全部揭开，夜
间也不再覆盖

西葫芦播种

（五）整地施肥

前茬作物收获后，及时清洁田园，先撒施基肥，后深翻土地。一般要求每亩施优质腐熟有机肥5 000～7 000千克，同时加入过磷酸钙30～50千克，还可以加入饼肥200～300千克、草木灰50千克左右。肥土混合均匀后即可做畦。在做畦时，

整地做畦

可将肥料集中施入畦中或沟内，并将畦搂平。一般栽培畦长6～8米，宽1.5～2.0米，每畦可种2行。由于云南春季多雨，可采用深沟高畦栽培，以利排灌。与其他作物间作或栽种越冬作物时，要预先留出种植西葫芦的位置，一般行距2～3米，株距50～70厘米。

（六）定植密度

若爬地栽培，多为稀植，每亩定植500株左右。若搭架栽培，均实行密植，每亩定植900～1 000株。若粗放栽培，宜稀植，一般每亩定植300～400株。若精细栽培，须严格整枝，每亩可定植600～700株。

（七）整形修剪

子蔓、孙蔓长到15厘米左右时就要剪除。坐果前要严格控制侧蔓生长，坐果后为保证植株的功能叶片数，可适当放松整枝。一般每株留两蔓，并保持蔓间距离25厘米左右。

在实践生产中，爬地式栽培的整枝有放任不整枝、双蔓整枝、三蔓整枝等方式。放任不整枝，因其栽培密度稀，可结合除草、压蔓等将瓜蔓适当摆放均匀后，任其生长不进行整枝。该法结果期长，产量高，但果形大小不一致，整齐度差，导致商品性也差。双蔓和三蔓整枝在坐果前应严格保持2～3条瓜蔓，剪除其他所有侧蔓，可按两种方法操作：一是保留主蔓，在其基部选留1～2条长势较强、无病虫害的侧蔓，其余子蔓、孙蔓全部摘除；二是在植株定植后7～10天，主蔓留5～7片真叶摘心，待子蔓长至30厘米左右时，选留2～3条健壮子蔓，其余子蔓全部去除，构成双蔓或三蔓。第一种方法，主蔓可始终保持顶端优势，生长势较强，雌花出现早，可提早坐果，但子蔓生长势弱、小，或因瓜蔓间分布不均衡而难坐瓜，或果形较小，商品性较差，同时灌溉、施肥、人工辅助授粉等操作不方便。第二种方法，子蔓间生长势相当，利于坐瓜，同时雌花着生节位、开放时间大致接近，果形、成熟度接近，便于上市，而且，灌溉施肥、人工辅助授粉较方便。

| 保留主蔓，在其基部选留1~2条长势较强、无病虫害的侧蔓，其余子蔓、孙蔓全部摘除 | 在植株定植后7~10天，主蔓留5~7片真叶摘心，待子蔓长至30厘米左右时，选留2~3条健壮子蔓，其余子蔓全部去除，构成双蔓或三蔓 | 放蔓不整枝，该法结果期长，产量高，但果型大小不一致，整齐度差，从而商品性也差 |

西葫芦的三种整枝方式

不管采用哪种方式整枝，应保证所有选留子蔓在同一方向整齐排列，避免重叠交叉。所有整枝操作应在晴天上午进行，不宜在雨天或露水较重的早晨进行。整枝完毕后，最好能让伤口接受阳光直射，加速伤口愈合，同时结合药剂喷施，防止病菌从整枝伤口侵入。

（八）采收贮藏

在开花后 7～10 天即可采收 0.5 千克重的嫩瓜。及时采收，可促进上部幼瓜的发育膨大和茎叶生长，有助于提高早期产量。进入结瓜盛期后，瓜的采收可根据植株长势而定，长势旺的植株适当多留瓜，留大瓜；徒长的植株适当晚采瓜。对于长势弱的植株应少留瓜，适当早采瓜。

采摘最好用刀进行，瓜柄尽量留在主蔓上。采收宜选晴天上午、田间露水干后，此时果实温度低有利于贮藏。采收时尽可能减少不必要的人为机械损伤。采收后的西葫芦要及时出售或低温贮藏以保鲜。

在开花后7~10天即可采收0.5千克重的嫩瓜。及时采收，可促进上部幼瓜的发育膨大和茎叶生长，有助于提高早期产量

采收后的西葫芦要及时出售或低温贮藏以保鲜

西葫芦的采收贮藏

三、主要病虫害

（一）菜青虫

1. 危害特点　多危害幼苗叶片，并诱发软腐病和黑腐病等病害。

2. 防治方法　可用25％吡虫啉可湿性粉剂3 000～4 000倍液、1.8％阿维菌素乳油1 500～2 000倍液、3％啶虫脒乳油60～80毫升/亩防治。

（二）白粉虱

1. 危害特点　成虫或若虫群居于叶片背面吸食汁液，被害叶片变黄，生长点萎蔫，且传播病毒病。

2. 防治方法　可用25％吡虫啉可湿性粉剂3 000～4 000倍液、1.8％阿维菌素乳油1 500～2 000倍液、3％啶虫脒乳油60～80毫升/亩防治。

（三）蚜虫

1. 危害特点　主要是菜缢管蚜和桃蚜，在叶背、嫩叶和嫩茎等处刺吸汁液，导致叶片卷曲，瓜苗生长缓慢。

2. 防治方法　可用 25%吡虫啉可湿性粉剂 3 000～4 000 倍液、1.8%阿维菌素乳油 1 500～2 000 倍液、3%啶虫脒乳油 60～80 毫升/亩防治。

(四) 西葫芦白粉病

1. 危害特点　常发生在植株的叶片、叶柄和茎上，病斑初期为淡黄色小点，后可在叶片上形成白色粉斑并逐渐蔓延。受害叶片多枯黄、死亡，致使植株早衰。

2. 防治方法　施用 0.1～0.2 度石硫合剂、50%托布津可湿性粉剂 800 倍液，或 70%甲基硫菌灵可湿性粉剂 1 000～5 000 倍液。

(五) 西葫芦细菌性叶枯病

1. 危害特点　病菌主要侵染叶片，病斑初期为水渍状褪绿小点，逐渐扩大成近圆形黄色坏死斑，后病菌相互连接形成大的坏死病斑，导致整片叶子枯黄死亡。

2. 防治方法　可用盐酸土霉素、代森铵、噻菌铜等药剂，或 72%农用硫酸链霉素可溶性粉剂 2 000～4 000 倍液喷施。

(六) 西葫芦病毒病

1. 危害特点　病程较轻时心叶呈花叶状，后叶片皱缩，扭曲变小，可导致叶片枯死、结果率降低。

2. 防治方法　及时清理病残株，发病初期可喷施 20%病毒 A 可湿性粉剂 500 倍液、抗毒剂 1 号 300 倍液，或高锰酸钾 1 000 倍液。每隔 7～10 天喷 1 次。

第七章　丝瓜实用栽培技术

　　丝瓜又名胜瓜，是葫芦科丝瓜属作物，在我国各地普遍栽培，在云南南部有野生品种分布。嫩果为夏季蔬菜，成熟时果内有网状纤维故称丝瓜。

一、生物学特性

（一）生长发育周期

1. 发芽期　从种子萌动到第一片真叶出现，需 7～14 天。

2. 幼苗期　从子叶出现到定植前，植株具 5～6 片叶，需 15～25 天。

3. 抽蔓期　5～6 片真叶展开至植株现蕾，需 10 天左右。

4. 结果期　从根瓜坐住到拉秧结束，需 50～60 天。

丝瓜发育周期

（二）对环境条件的要求

1. 光照　丝瓜为短日照作物，喜较强阳光，较耐弱光。

在幼苗期，以短日照大温差处理，利于雌花芽分化，可提早结果和丰产。整个生育期较短的日照、较高的温度，有利于茎叶生长和开花坐果、幼瓜发育。

2. 温度 丝瓜喜温、耐热，生长发育适宜温度 20～30℃，种子发芽的适宜温度 28～30℃。

3. 水分 丝瓜喜湿、怕干旱。土壤湿度较高、含水量 70% 以上时生长良好，低于 50% 时生长缓慢。适宜空气湿度 75%～85%，不宜小于 60%。短时间内空气湿度达到饱和，仍可正常生长发育。

云南常见丝瓜品种

4. 土壤 丝瓜对土壤要求不严格，在各类土壤中，都能栽培。但为获取高产，应选择土层厚、有机质含量高、透气性良好、保水保肥能力强的壤土、沙壤土。

二、栽培技术

（一）种子处理

浸种催芽需种子 300～400 克/亩；直播需 1 000～1 500 克/亩。夏季温度高，出苗快，一般直播，播种前浸种 3～4 个小时或浸种后催芽 24 小时再播。单行双株，穴距 30～40 厘米，每穴播 3～4 粒种子，盖土 1.5 厘米，盖上纱网，淋水。出苗后，每穴留苗 2 株。

（二）整地施肥

整地时一次性施入优质有机肥 1 000～2 000 千克。撒施 25% 的三元复合肥 25 千克、过磷酸钙 15 千克、氯化钾 5 千克。翻耕后做畦，畦面宽 1.2 米，沟宽 0.4 米、深 15～20 厘米，再施入腐熟鸡粪 1 000 千克，尿素 10 千克或碳酸氢铵 30 千克，随后覆土。

夏丝瓜苗期可追施有机粪肥 2～3 次；初花期每亩施 50 千

播种后盖纱网

克复合肥或 50 千克花生麸；每采收 2～3 次，追肥 1 次，每次用复合肥 15 千克，尿素 10 千克，钾肥 5 千克。

施　肥

（三）水分管理

定植时浇透定植水。定植 5～7 天植株心叶开始生长后，标志着缓苗已结束，此时选择晴天上午浇 1 次缓苗水，然后中耕蹲苗。当雌花开花时，结束蹲苗，浇 1 次水，以后进入正常的水分管理。温度低时，减少放风量，浇水时间间隔为 5～7 天。当外温升高，进入盛瓜期，每 2～3 天浇 1 次水，每次可加大灌水量。若进行秋延后生产，在外温降低时，减少浇水次数和灌水量。

浇　水

（四）植株调整

蔓长 30 厘米时，开始插竹竿，搭成"人"字架。插架后，不要马上引蔓，要适当盘条。蔓长 50～60 厘米时，在近地面部分盘条压蔓，即按引蔓的方向挖 5～6 厘米深的半圆形沟，在植株生长点往下数第 3～4 片真叶的茎节处，把茎节和叶柄顺着盘入沟内，盖土压实。盘条后在"人"字架上搭一根竹竿，引蔓上架时要在中午或午后进行，以防折断茎蔓和枝叶。绑蔓时以"之"字形上引，同时根据品种特点，摘除部分侧蔓，植株分枝力强的只留 2～3 条侧蔓，及时摘除其余的侧枝、卷须、雄花序。

丝瓜植株调整

（五）人工授粉

丝瓜为虫媒花，在早春茬栽培时，昆虫少，需要人工授粉。授粉方法：摘取当天盛开的雄花，去掉花冠，或将花冠反拧，露出花药，轻轻地将花粉涂抹在雌花柱头上。授粉时间为每天8—10时。

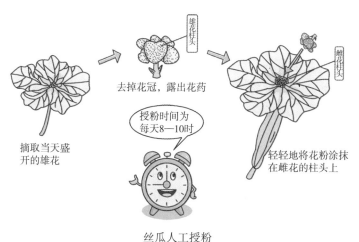

摘取当天盛开的雄花

去掉花冠，露出花药

雄花柱头

授粉时间为每天8—10时

轻轻地将花粉涂抹在雌花的柱头上

雌花柱头

丝瓜人工授粉

（六）及时采收

夏丝瓜从种到初收 35～45 天，采收期 50～60 天。采收要及时，否则果肉易纤维化，既影响产量又影响品质。

三、主要病虫害

（一）瓜蚜

1. 危害特点　瓜蚜的成虫和幼虫多群集在叶背、嫩茎上，刺吸被害植株的汁液。被害叶片多形成皱褶，畸变后向叶背面卷缩。严重时生长点枯死，尤其在瓜苗期，可能引起植株整株枯死。还可引起煤烟病，并且成为病毒病传播的介体。

2. 防治方法　①及时清除田边杂草，减少虫源基数。②在有翅蚜迁飞高峰期用黄色板诱杀蚜虫。③可用 50％抗蚜威 3 000 倍液或 90％灭多威 3 000 倍液，或吡虫啉喷雾防治，重点喷洒叶背及嫩梢。

（二）瓜绢螟

1. 危害特点　7—9 月发生数量多，以幼虫危害，成虫白天可在花间吸食花蜜。幼虫在初期于叶背啃食叶肉，表现为灰白斑。三龄幼虫多吐丝并将叶、嫩梢缀合，居于其中啃食，最终叶片穿孔缺刻。危害严重时，全叶仅剩叶脉。幼虫还常蛀入花蕊和幼瓜，啃食柱头和瓜肉，影响产量和品质。

2. 防治方法　①收获后集中烧毁枯藤落叶，减少虫源。②幼虫发生初期及时摘除被害叶。③幼虫盛发期，可用 10％氯氰菊酯 1 500 倍液，或 2.5％高效氯氟氰菊酯 3 000 倍液喷雾防治。

（三）美洲斑潜蝇

1. 危害特点　幼虫与成虫都可以危害，成虫刺吸叶片汁液并产卵。卵孵化后，幼虫在叶内潜食叶肉，形成弯曲的白色虫道。严重时，大量落叶、落花，植株早衰。在 8—10 月发生最重。

2. 防治方法　①清洁田园，将杂草及枯枝落叶带出田外烧毁。②深翻或进行水旱轮作，杀死地表虫蛹。③田间发生零星受害叶片时，及时摘除，集中处理，切忌乱扔。④在虫道长度 2 厘米以下时，进行药剂防治。可用生物农药 0.2％阿维虫清（阿维菌素）乳油 1 500 倍液或 25％灭幼脲三号悬浮剂 1 000 倍液，交替使用，每 7 天喷 1 次，连喷 3 次；10％氯氰菊酯或 4.5％高效氯氰菊酯乳油 2 000 倍液与 20％吡虫啉可溶液剂 4 000～5 000 倍液，交替使用，每 7～9 天喷 1 次，连喷 2～3 次。注意交替轮换使用，以减缓该虫抗药性的产生。

（四）根结线虫

1. 危害特点　主要危害植株地下根部，多发生于侧根和须根上，形成大小不等的瘤状物。瘤状根结初期白色而光滑，后转呈黄褐色至黑褐色，表面粗糙乃至龟裂，严重时腐烂。病原线虫以卵在土壤中越冬，一般在土壤中可存活 1～3 年。幼虫借助雨水、灌溉水传播，从幼嫩根尖侵入，直至发育为成虫。通常沙质壤土或连作地发病较重。丝瓜结瓜期最易感病，长江中下游地区保护地栽培中，主要发病盛期在 5—6 月，露地秋丝瓜发病集中在 8—9 月。

2. 防治方法　①选用抗病和耐病品种。②选用无病土进行育苗，培育无病壮苗。③移栽时发现病株及时剔除。发病重的地块最好与禾本科作物轮作，水旱轮作效果最好。④深耕或换土。在夏季换茬时，深耕翻土 25 厘米以上，同时增施充分腐熟的有机肥。也可以把 25 厘米以内表层土全部换掉。⑤丝瓜拉秧后，及时清除病残根，深埋或烧毁，铲除田间杂草。⑥药剂防治。定植前使用阿维菌素沟施或者穴施。生长期用阿维菌素，一般药效 2 个多月，严重的地区根据情况可再处理 1 次。

（五）丝瓜苗期猝倒病

1. 危害特点　主要发生在幼苗 1～2 片真叶时，先在茎基部出现水渍状斑块，很快病部变为黄褐色，干瘪后收缩成线状，往往子叶尚未凋萎，幼苗即突然猝倒。湿度大时，在病株附近长出白色棉絮状菌丝。植株长出 3～4 片真叶后，茎部逐渐木质化，发病明显减少。猝倒病为土传病害，病菌通过灌溉水或雨水传播。育苗期温度 20℃左右及高湿条件，利于发病。

2. 防治方法　①床土消毒。床土应选用无病新土，如用菜园土，应对苗床土壤消毒，即每平方米苗床施用 50％拌种双粉剂 7 克，或 40％五氯硝基苯粉剂 9 克，或 25％甲霜灵可湿性粉剂 9 克，加 70％代森锰锌可湿性粉剂 1 克，对细土 4～5 千克拌匀。施药前先将苗床底水打足，将 1/3 拌匀的药土撒在畦面上，播种后再将其余的 2/3 药土盖在种子上面，使种子夹在药土中间，防治效果较好。②选择地势高、排水良好的地块作苗床，播种前打足底水，出苗后尽量不浇水，必须浇水时也不宜大水漫灌。③加强苗期管理，及时通风降低湿度，防止瓜苗徒长，培育壮苗。

（六）丝瓜疫病

1. 危害特点　主要危害果实、茎蔓。近地面的瓜先发病，最初出现暗绿色圆形斑，后扩展呈暗褐色，病部凹陷，并向瓜面四周呈水渍状浸润，长出灰白色霉状物。湿度大时，病瓜迅速软化腐烂，并在外部长出灰白色霉状物。茎蔓发病部位初呈水渍状，后整段软化湿腐，病部以上的茎叶萎蔫枯死。病菌来源于种子或土壤中，通过风雨及灌溉水传播。植株坐瓜后，雨水多，湿度大易发病。土壤黏重、地势低洼、重茬地发病严重。

2. 防治方法　①选用抗病品种。②农业防治。实行轮作，选择高低适中、排灌方便的田块，秋冬深翻，施足腐熟有机肥，采用高垄栽培，及时中耕、整枝，摘除病果、病叶，采用地膜覆盖，增施磷、钾肥等。③药剂防治。发病初期喷洒40％三乙膦酸铝 200 倍液，75％百菌清 500 倍液，80％代森锰锌 600 倍液，72%霜脲氰 800 倍液，69%烯酰·锰锌 900 倍液等，隔 7 天 1 次，防治 2～3 次。

（七）丝瓜霜霉病

1. 危害特点 主要危害部位在叶片，发病初期，叶片正面出现许多不规则的黄褐色斑点，而后逐渐扩散成多边形的黄褐色病斑。湿度增大时，病斑背面长出灰白色、黑色的病霉层，导致整叶枯死。丝瓜霜霉病通过风雨从邻近病叶上传播，连绵阴雨或湿度大时发病重。

2. 防治方法 ①农业防治。选择地势高、排水良好的田块；施足底肥，增施磷、钾肥；及时摘除下部老叶、病叶，带出田外烧毁；大棚栽培的丝瓜要注意控制棚内的湿度，加强通风透光。②药剂防治。发病初期可喷洒波尔多液、72%霜脲氰、58%甲霜灵、75%百菌清、64%噁霜灵 400～600 倍液等。棚室栽培的可选用 45%百菌清烟剂，发烟时闭棚，熏 1 夜，或喷撒 5%百菌清粉尘剂，避免棚内湿度增加。

（八）丝瓜病毒病

1. 危害特点 通常造成嫩叶深绿与浅绿相间的花叶，严重时叶片扭曲变形。瓜条发病，病瓜呈螺旋状畸形或细小扭曲，瓜面有褪绿斑。抽蔓前发病，植株生长缓慢，严重的形成"龙头拐"，造成绝收。丝瓜病毒病可通过蚜虫、农事操作及汁液接触传播。

2. 防治方法 ①选用抗病品种。②培育无病壮苗，适当提早定植。③及时防治蚜虫，包括周围的蔬菜地。④发病初期可喷洒 20%病毒 A 可湿性粉剂 500 倍液、5%菌毒清水剂 500 倍液、混合脂肪酸 100 倍液、0.1%高锰酸钾溶液。⑤拔除重病株，田间农事操作尽量减少植株伤口。

（九）丝瓜绵腐病

1. 危害症状 主要在坐果期发病，初期有水渍状斑点，扩展后变为黄色或褐色水渍状大病斑，与健康部分界线明显，后半个或整个果实腐烂，并在病部外围长出一层茂密的白色棉絮状菌丝体。苗期感病可在子叶未凋萎之前引发猝倒病。瓜条感病始于脐部或从伤口侵入，引起全瓜腐烂。丝瓜生长期长，绵腐病发生重，长江流域及其以南地区尤为普遍。病菌主要来源于土壤中，通过雨水溅射到靠近地面的瓜条上致病。结瓜期阴雨连绵、湿气滞留易发病。

2. 防治方法　①育苗期要注意防治幼苗猝倒病。②定植时采用高畦栽培，铺地膜，开沟排水，搭高架，避免瓜条与地面接触。棚室栽培要注意通风降湿。③发病初期喷药防治，喷洒 40％三乙膦酸铝 200 倍液，75％百菌清 500 倍液，80％代森锰锌 600 倍液，72％霜脲氰 800 倍液，69％烯酰·锰锌 900 倍液等，隔 7 天 1 次，防治 2～3 次。